JN094204

格安パソコンを自作するための
ジャンクパーツ見極めと修理の
極意

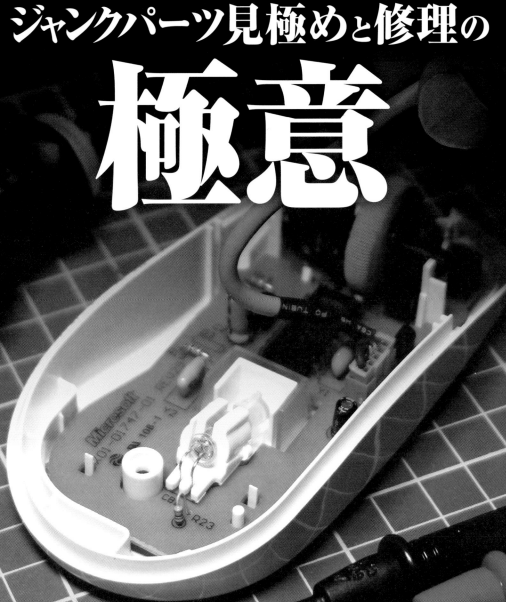

はじめに

　月刊I/Oに私が書いた連載や、書籍「格安パソコンを自作するためのジャンクパーツ探しの奥義」では、これまで、「ジャンクPCパーツ」を活用して、リーズナブルな価格でPCを組んでいく事例を紹介してきました。

　PCパーツが、「ジャンクパーツ」として扱われ、販売されている理由はいくつかありますが、「古いもの」「付属品に欠品があるもの」「著しい傷があるもの」「一部の機能または全体的に壊れている場合」などを加味した上で、価格は安く（タダ同然のものもある）なっていると考えられます。

　そう考えると、これらを自ら修理したり、何らかの方法で対処したりして、不具合を解消し、快適に利用できるようになれば、とても安価にPCパーツを入手したことになります。

＊

　本書は、前作同様、ジャンクPCパーツを探しまくり、自作PCを組み上げていきますが、それだけではなく、入手時に不具合があったり、欠陥品だったり、傷がついてたり……といった、扱いが難しいジャンクPCパーツを、筆者が修理や対処してきた事例も併せて紹介していきます。

　なお、毎度のお約束ごとですが、ジャンクPCパーツを使った自作PCの組み立てを実際にやってみようという方は、あくまでも自己責任でお願いします。

なんやら商会

格安パソコンを自作するための ジャンクパーツ見極めと修理の極意

CONTENTS

マザーボード基礎 編

第4章 「マザーボード」に使われる技術

■注意事項

※1　本書では、バルク品、型落ち品、中古品、訳あり品、オークションやフリマで安く入手した品など、本来の価値をもたないいわゆる「格安パーツ」のことを、ひとくくりに「ジャンクパーツ」と呼び、表記しています。

※2　本書に出てくるパーツなどの価格は、記事執筆当時に著者が独自に調べたものです。現在の価格と変わっていたり、製品そのものが入手できなくなっている場合もあります。

※3　本書を参考にジャンクパーツやOSを使って組み立てを行なった場合でも、著者と同じようにパソコンを動かすことができない場合があります。パーツの収集や組み立ては、あくまでも参考自己責任で行なってください（動作を保証するものではありません）。

ジャンクPCパーツ 編

第1章

ジャンクパーツ "不具合" 対処術

本章では、格安PCを自作するために入手した、「ジャンクPC
パーツ」に不具合があったときのリカバリー方法など、いくつか
の対処事例を紹介します。

1-1 「ジャンクなキーボード」の修理

キーボード内部断線の対処事例

まずは、「ジャンクなキーボード」から見ていきたいと思います。

入手は、「ブックオフバザール」のジャンク青箱で、お値段は110円でした。

物としては、サンワサプライの汎用品。ブラウザのホームボタン、メールボタン、ミュートボタンがあるのがちょっと珍しく、キー欠けや背面スタンドのパーツ欠損なく、外見がきれいなものを選んで購入しました。

しかし………

図1-1-1 購入したキーボード。見た目は良いが…

故障個所の把握

購入後の動作確認では、一部のキーが押しても反応しない。

確認した結果、認識しないキーは、**図1-1-2**の白くなっている部分。

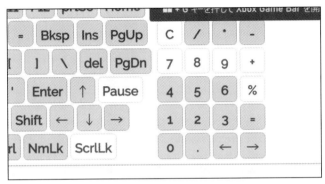

図1-1-2　キーボードテストの結果

　このあたりの、「キースイッチ」に関わる配線が断線しているのだろう
と目星を付け、確認するため、さっそく分解してみます。

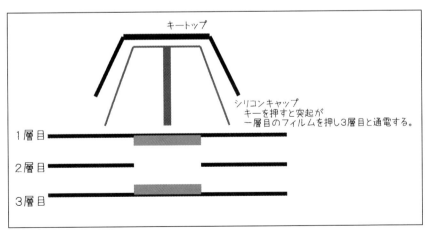

図1-1-3　メンブレン式キーボードの構造略図

　キーボードの構造は「メンブレン式」で、キーボードとしては、安価で最もメジャーな構造です。

＊

　具体的には、フィルムが3層あって、1層目と3層目にキーボードスイッチの回路が張り巡らされ、2層目は隙間を開けるためのものです。

　シリコンキャップが通常キーを押し上げていて、キーを押すと、1層目の電極と3層目の電極が接触通電、信号が飛んでいく仕組みです。

＊

　そして、フィルム上の配線をチェック。断線していそうなところがないかを探してみます。

　すると、何箇所か配線が黒ずんでいるところを発見。テスターで調べてみても、通電していないようです。

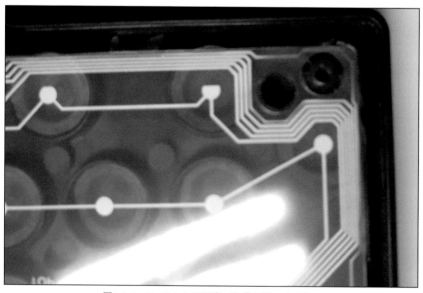

図1-1-4　フィルム上の配線に黒ずんだところがある
おそらく、サビで断線しているのだろう…

鉛筆で断線の修理

おそらく、ここを通電するように加工できればいいはずです。

＊

しかしながら、「フィルム配線」なので、「ハンダごて」が使えなさそう。

「通電テープ」などの代替手段はいくつか思いつきましたが、今回は、どこの家庭にもありそうな、「鉛筆」を使ってみます。

＊

普通の鉛筆の芯は炭素で出来ていますから、通電する性質があります。

昔話で、CPUをオーバークロックさせるために、鉛筆で端子を導通させるなんてネタがあったし…。

＊

通電しない配線部分を、鉛筆で上からひたすらなぞって、炭素を定着させます。

図1-1-5　鉛筆でフィルム配線の黒ずんだところをなぞる

　そんな箇所が4か所ぐらいあって、一通りなぞり終えたら、フタをして動作チェック。復活した！

＊

　故障の原因は、経年によるサビだと思います。完璧な修理ではありませんが、当面使うぶんには、まあいいでしょう。

図1-1-6　復活した!

1-2 「ジャンクなマウス」の修理

USBケーブル断線の対処事例

　続いては、「ジャンクなマウス」を修理してみます。

＊

　製品としては、マイクロソフト製のインテリマウス、「ウィズインテリアイ」。

　これは、マイクロソフトが1996年に発売開始した、ナス型マウスにおける、唯一の光学式、かつUSB接続。クラシカルでいい感じかなと思い、購入してみました。

故障個所の把握

　さっそく動作確認してみると、マウスの根元が断線しているようで、一瞬は信号がつながりますが、コードの角度によっては、信号が途切れてしまいます。

　逆に言えば、その断線を直せば、普通に使えそうです。

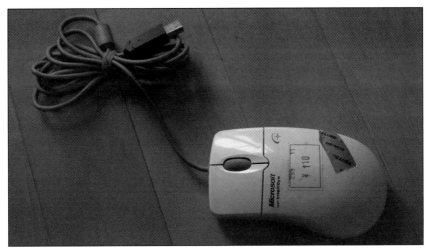

図1-2-1　購入した「ジャンクなマウス」

USBケーブル断線の修理

　ということで、さっそく分解します。

＊

[1]ねじ穴がソールの下に隠れているので、ソールを剥がす。
[2]ねじ穴が見えたら、ねじを取ってふたを開け、ケーブルを加工できるように外す。

　そして、

[1]断線してそうな部分をバッサリ切断し、

[2]切った両端のケーブルの外皮を剥いて、

[3]4本4色のケーブルを取り出し、

[4]電線を剥いて、

[5]ハンダごてで、つなぐ。

……という作業をします。

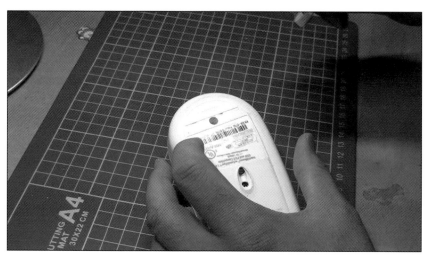

図1-2-2　マウスを分解、ソールを剥がすと、ねじ穴が現われる

＊

つなぎ終わったので、さっそく動作テスト。

はい、動きました！

[1]元と同じように組み立て、

[2]剥がしたソールを新しい両面テープ使って張り付け、

[3]マウスの背面に戻し

これで、作業終了。

＊

仕上げにアルコールで簡易清掃したところ、「マイクロソフトウィズインテリマウス」のロゴが消えてしまった…。が、まあ、良しとしよう。

図1-2-3　断線したコード部分を切断し、つなぎ直す

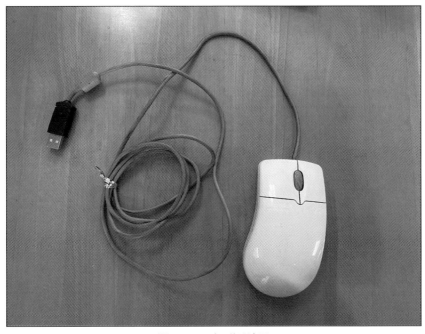

図1-2-4　マウス修理完了!

「マウス」と「キーボード」の最終チェックをします。

*

「デバイス・マネージャー」には、インテリマウスもしっかり表示されています。

しかしながら、実際使ってみると、DPI が今のフル HD の解像度にあっていないようで、動きが若干もっさりしていて、古さが否めなくもない…

しばらく、サブマシン用として活躍してもらうことにします。

1-3 　　「ジャンクなケース」の修理

PCケースの傷の対処事例

「PCケース」のジャンク品もさまざまなものが入手できますが、できれば今どきの、側面が透明パネルで、LED が映えて、かつ、裏配線が可能なケースを使ってみたいです。

しかしながら、「ジャンクな PC ケース」は、「傷」や「汚れ」があるのが当たりまえ。これを何とかしてみましょう。

*

今回入手したものが、**図1-3-1**のケース（Thermaltake「Versa H26」）。

ヤフオクで落札したもので、約1,000円＋送料1,900円でした。おそらく、BTO の「ゲーミング PC」を解体したものです。

*

側面の「アクリル板」にそれなりの傷があるので、この傷を何とか修復してみます。

図1-3-1 ヤフオクで購入したPCケース
アクリルパネルのダメージが目立つ…

サイドパネルのアクリル板の傷を消すには

　古い車のヘッドライト研磨の動画とか、いろいろネット情報を漁り、吟味し、失敗リスクの少ない手段を検討し、今回やってみた手段がこれです。

「アクリサンデー研磨剤」を使ってみました。

これは、アクリル専用の研磨剤で、仕上げ磨きに使うものです。

　傷を落とす力は弱いかもしれないが、これだけでも充分効果あると予想して、試してみました。

図1-3-2　アクリサンデー研磨剤

傷を消すためのポイント

さっそく、使ってみましょう。

　「アクリサンデー」をキムワイプに塗布しキズを磨いていきます。
　やってみたところ、磨く際は、キズに対して横にこするのではなく、キズに沿って縦に磨いていくとよいみたい。

　なんとなくコツもつかみ、ひとしきり、磨き終えた。うん、なんか傷が見えなくなったような……。

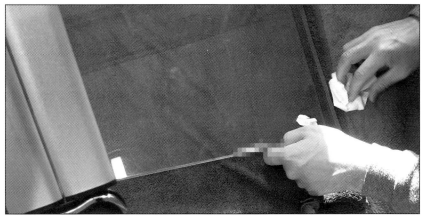

図1-3-3 アクリルパネルのキズが消えた!
（上）磨き前、 下）磨き後

　新しい「キムワイプ」で研磨剤を落としてみると、なんということで
しょう、ジャンク傷が見えなくなりました。

　指で触ってみて、深さを感じないキズであれば、「アクリサンデー研磨
剤」で磨くだけで目立たたなくなり、筆者的にはOKでした。

　かなり深いキズの場合は、削られた状態で透明になるので、角度によっ

ては見えるけど、正面から見ればほぼ気にならない状態にはできました。

　また、研磨剤をふき取るときキムワイプを使うと細かい磨きキズが残ってしまうようで、もっと柔らかい布で拭きとったほうが良さそうです。

　深い傷は、角度によって見えたりはしますが、前よりか明らかにきれいになりました。

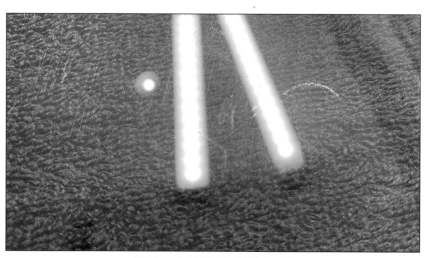

図1-3-4　かなり深いキズの場合の例

1-4　「ゲーミングキーボード」の見た目を修復

キートップの塗装剥げの対処事例

　今どきの"光る"「ゲーミングキーボード」も、ジャンク品を購入してみました。これはハードオフのジャンク箱で発見し、800円で購入しました。

＊

　若干汚く、キートップに塗装剥げもありますが、動けばラッキーといった気持ちで購入。

　動作確認したところ、キーボードの機能としては問題ありませんでした。

　あとは、キートップの剥げを修復し、見た目を改善していきます。

図1-4-1　今どきの"光る"ゲーミングキーボード……のジャンク品

図1-4-2　購入したゲーミングキーボード
キートップの塗装剥げがちょっと残念

「塗装剥げ」を修復するには

　今回使ったアイテムは、「手作りステッカー透明タイプ」(図1-4-3)。

　これは、「インクジェット・プリンタ」で、ステッカーが作れるというもの。

　かつ透明タイプなので、キートップが光る部分を透過させて印刷することができそう。

＊

　「ミニカー改造」で、デカールシールをいろいろ試していた記憶から、ピンときたので、試してみました。

図1-4-3　透明タイプのステッカーを使う

　まず、キートップに張り付ける盤面のイメージを、キーボードサイズで作りました。

　ツールは何でもよいのですが、今回は「Excel」の「シェイプ」と「テキストボックス」を使って、作っています。

「デカールシール」を使うポイント

「デカールシール」を使うポイントは2つあります。

①キーボードのキートップで使われている「フォント」や「サイズ」が、他のキートップと同じぐらいになるように印刷すること。

　見た目にかかわるところなので、自分的にOKになるまでトライする。

②キートップを白で印刷すること。

　要するに、通常のインクジェット・プリンタでは白は印刷できないので、白で出力すればキートップに張り付けると、文字のところが透過する補修用デカールが作れるという算段。

*

実際に、「デカールシール」のキットで作成してみるとこんな感じです。

図1-4-4右側の台紙シールにデザインを印刷し、図1-4-4左側の保護フィルムを印刷した台紙の上に貼付け、印刷面を保護します。

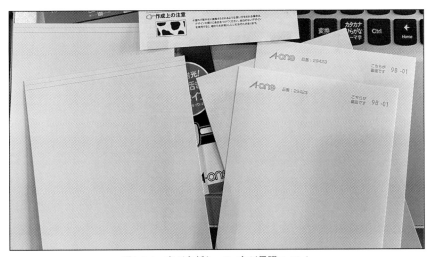

図1-4-4　右が台紙シール、左が保護フィルム

　出来たもの（図1-4-5）を、デザインカッターで切り取り、キートップに貼って動作テストをしてみました。

図1-4-5　デカールシールを作成

　確認すると、文字は透過できているもの、黒で印刷した部分もだいぶ透けてしまっていました（図1-4-6）。

図1-4-6　1回印刷、デカールが透けてしまっている

　プリンタの設定で、印刷品質は最高でしたが、「デカールシール」への黒印刷がちゃんとできていないため、印刷の隙間から透けてしまうのではないかと予測。

　では、同じ台紙シールに2回印刷したら、印刷が濃くなるんじゃない？ということで、2回印刷したのがこれ（**図1-4-7**）1回印刷と比較して、黒がしっかり黒くなっている。

図1-4-7　2回印刷、デカールの透けが改善できた

　今度はOK。しっかり、文字のところだけ透けるようになりました。

＊

キーボード正面から見る限りは、ほぼ違和感がありません。

　斜めから見ると、保護シールの材質ともともとのキーボードの質感と若干違う感じはありますが、とりあえずOKにしました。

1-5 　「ジャンクなピン」の曲がりの修理

「マザーボード」や「CPU」のピンの曲がり対処事例

　「マザーボード」や「CPU」のジャンク理由としてよくあるのが、"ピン曲がり"（ピン折れ）です。

　これにより、動作しない状態になっていますが、簡単な修理で復活する可能性があります。

「マザーボード」のピンとは？

　「Intel CPU用マザーボード」では、「LGA 775」（2006～）、「AMD CPU用マザーボード」では「AM5」（2022～）から、「マザーボード」と「CPU」との接続時の、「ピン数増加対応」「電気的特性向上」を目的に、CPU側のピンを廃止し、マザーボードのソケット側にピンがある形式になりました。

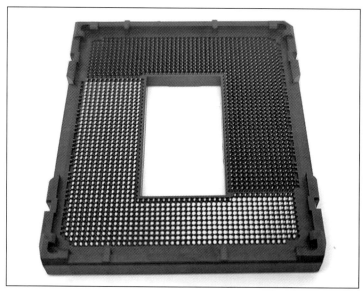

図1-5-1　ソケット側にピンがあるCPUソケットの例
最新のIntel LGA1700

ピンとは？

「AMD CPU」は、「AM4」までのCPUは、従来どおりCPU側にピンがある方式を採用しており、CPUのピンをソケットに差し込む形式になっています。

図1-5-2　CPU側にピンがあるソケットの例
AMD AM4のソケット（上）とCPU（下）

「ピン折れ」(曲がり)とは？

マザーボード側のソケットにピンがある方式は、CPUクーラーを取り外す際に、「CPU」が「ヒートシンク」に固着し、CPU側のピンを破損するという事故(俗にいう"AMD CPUのスッポン事故")はなくなりましたが、CPUを取り付ける際、誤ってソケットの上に物を落下させて、ピンが曲がってしまうことがあります。

*

これらを、オークションなどでは「ピン折れ」という表現で記載されていることが多いですが、ピンが曲がったことにより物理的に切れてしまっているケースと混同しそうなこともあります。

*

もし、完全に折れて無くなっている状態の場合でも、「マザーボード」であれば「ソケット交換」、「CPU」であれば「ピンの交換」を行なえば修理できる可能性はあります。

しかし、かなり高度な作業になるので、よほど腕覚えがある方以外は、避けたほうがよさそうです。

*

本章では、"ピンが残っている"という前提での意味での「ピン曲がり」という表現に区別して、こちらのリカバリーについて解説します。

「マザーボードのピン曲がり」の対処事例

今回のケースは、ハードオフでピン曲がりジャンクとして購入した、「LGA1150マザーボード」のピン曲がりを修理した事例を紹介します。

*

状態としては2カ所10本ぐらいのピンがあさっての方向を向いていて、とても動作しそうな状態ではありませんでした。

図1-5-3　囲んだあたりのピンが、"あさって"の方向を向いている

　図1-5-3のように、曲がったピンを元の状態に修正にしていったのですが、道具として主に使ったのは、ダイソーのデザインカッターでした。

＊

　細い刃先を使って、曲がったピンをちまちまと押して、元の位置に修正しています。

　ソケットのピンは思ったより柔らかく、これで充分でした。

　途中ピンセットで挟んで作業もしてみましたが、力を入れすぎるとピンの先がつぶれてしまい、よくなさそうです。

　とにかく、「折れないようにゆっくりと」作業するのがコツのようです。

図1-5-4　ピン曲がりをゆっくりと押し戻していく

修理した結果は、**図1-5-5**のような感じになりました。

ピンの穂先が、縦横で見て一直線になれば、概ねよいかなと。

動作検証した結果も OK でした。

図1-5-5　ピン曲がり修理完了後

「CPUのピン曲がり」の対処事例

　今回のケースは、ヤフオクでピン曲がりジャンクとして購入した、「AMD　A10 CPU」のピン曲がりを修理した事例を紹介します。

＊

　状態としては2カ所20〜30本ぐらいのCPUピンが、"あさって"の方向を向いていて、CPUソケットに挿さらない状態でした。

図1-5-6　囲んだあたりのピンが、"あさって"のほうを向いている

図1-5-7　CPUのピンが曲がっていると、当然マザーボードのソケットには挿さらない…

　これら曲がったピンを元の状態に修正するのですが、マザーボードよりピンが太いため、力の加減が難しいのと、位置が合えばよいわけではなく、根本からまっすぐにしないといけないけません。

　そのため、どこから曲がっているかをしっかり確認する必要があり、拡大鏡で見ながらピンセットを使い、2時間近く格闘し、曲がっていた数十本のピンを修正していきました。

＊

　最終的には、何とかピンを折らずに、ソケットに収めることができました。

図1-5-8 ピン曲がり修正の様子
力をかけすぎるとピンが折れ、使用不能になる恐れもある。注意が必要。

　修正後、ソケットに挿さったため、起動してBIOS表示し、動作するところまで確認できました。

修理事例まとめ

　ここまで、「ジャンクPCパーツ」の比較的お手軽な修理事例を紹介しました。

＊

　問題のあるジャンクパーツを入手し、修理して使うことは、動作不良のリスクがある反面、低コストで高性能のPCを構築できる可能性（特に、CPUやマザーボード）があります。

＊

　修理や修復をしてみたい方がいれば、ぜひとも楽しみながら挑戦してみてください。

第2章

「Ryzen CPU」と「ジャンクパーツ」で格安 PC の組み立て

いくつかの条件付けをした上で、"ジャンクパーツ"をフル活用して、PCを自作します。

*

本章では、新世代に移行したことで中古価格がこなれてきた、「AMD Ryzen シリーズ」のCPUを核にして、「ゲーミング PC」っぽい「見た目」と「スペック」をもつ PC を組み上げていきます。

2-1 「ジャンクパーツ」で作る「自作PC」の条件

世代交代したAMD

2022年後半に、AMDは新世代CPUソケット「AM5」に対応した、第5世代「Ryzen」を発売しました。また、Intelも、第13世代「Raptor Lake-S」を発売しています。

*

「メモリ規格」については、双方ともに「DDR5」への本格的な移行がはじまり、プラットフォームが大きく変わりはじめました。

*

CPUの世代が大きく変わりつつある中、旧世代の「中古Ryzen CPU」の値段が、こなれてきています。

*

この企画を思いついたのは、2022年11月ごろです。

最初は、「もうすぐクリスマスだし、ピカピカ光るジャンクPCでも組もう！」と思いたち、準備のためにヤフオクを巡回していました。

そこで、「Ryzen」の相場が以前より下がっていることに気づきました。

＊

ということで、これまで挑戦していなかった「Ryzen CPU縛り」で、ジャンクパーツを集めつつ、ゲーミングPCのような仕上げにして、組み立ててみたいと思います。

今回のルール

今回の自作PC組み立てのルールは、次のとおりです。

・使う CPU は、「Ryzenシリーズ」一択。
・正式に 「Windows11」で対応した構成であること。

今さら、「Windows10」しか動かない構成にしてもしょうがないですし、さらに追加して、以下の条件を加えました。

・今どきの 「ゲーミングPC」らしく、"光る"。
・予算を抑え、可能であれば25,000円未満を目標にする。

ただし、グラフィックボードは、筆者が以前やっていた（諦めたわけではないですがw）マイニング上がりのものが余っており、流用する予定なので、とりあえず目標予算には含めないことにします。

パーツ	価　格	備　考
ケース	¥1,000	今どきの側面が透けてる、裏配線可能
M/B	¥5,000	Ryzen対応の光るやつ
CPU	¥5,000	Windows11対応　Ryzenシリーズ！
CPUクーラー	¥1,000	
グラボ		手持ちの光るやつを流用
電源	¥1,000	テキトー
メモリ	¥4,000	8GB
HDD/SSD	¥3,000	M.2 NVMe 240GBぐらい
Mouse	¥2,000	光るゲーミングマウス
キーボード	¥2,000	光るゲーミングキーボード
合計	¥24,000	

表2-1　予算目標内訳

どのあたりが狙えるか？

　まずは、いつものごとくCPUを決めるため、Ryzen CPUの世代を軽くおさらいし、どのあたりのCPUを狙うかを決めます。

表2-2　Ryzen CPU世代のまとめ

CPU世代	コードネーム(CPU or APU) 主なSKU	対応マザーボード	CPUソケット 形状	対応メモリ
Zen1	Summit Ridge(CPU)	AMD 300シリーズ、AMD 400シリーズ		
	Ryzen 7 1800X			
	Ryzen 5 1600			
Zen+	Pinnacle Ridge(CPU)	AMD 300シリーズ、AMD 400シリーズ、AMD 500シリーズがWindows11対応		
	Ryzen 7PRO 2700X			
	Ryzen 5 2600			
	Picasso(APU)			
	Ryzen 5 3400G		AM4	DDR4
Zen 2	Matisse(CPU)			
	Ryzen 9 3950X			
	Ryzen 5 3600			
Zen 3	Vermeer(CPU)			
	Ryzen 9 5950X			
	Ryzen 5 5600			
Zen 4	Raphael(以外/※グラフィック内蔵)	AMD 600シリーズ		
	Ryzen 9 7950X		AM5	DDR5
	Ryzen 57600X			

AMD　CPU世代まとめ（筆者調べ）

まず、「Windows11」が動く条件としては、「ZEN+」以降になるので、そのあたりから安価に入手でき、かつ、性能が良さそうなものをヤフオク相場で確認。

おおよそ、5,000円ぐらいからありそうな気配。

2-2 ジャンクPCパーツの入手

「CPU」と「マザーボード」の入手

■「CPU」を入手

そして、落札したものが図2-2-1。ZEN2世代「Ryzen5 3500」のジャンク！

ジャンクの理由は、"ピン曲がり"があるとのこと。純正CPUクーラー付きで、約4,600円＋送料660円でした。

図2-2-1 AMD Ryzen5 3500

■「マザーボード」の入手にはちょっと苦戦

続いてマザーボード。これが今回のジャンクパーツ探しで、いちばん苦労したところです。

＊

そもそも、中古を含め、なかなか出ものがなく、ジャンクショップの雄、佐古前装備ならばあるのでは？と探しに出かけたものの、動作未確認のヤバそうなものだけしかなくて、そこでは見送り。

表2-2のとおり、「Ryzen」のチップセットの互換性が良すぎて、最初期の「300」番台で、「AM4」最終世代まで動作するため、「マザーボード」を処分することなく、「CPU」だけグレードアップしていく人が多そうです。

ヤフオクでも、「マザーボード」にはなかなかいい値段が付いているものばかり。

＊

そんな中で、ヤフオクで見つけたのが、「GIGABYTE AB350 Gaming」ジャンク！

今回は"光る"もテーマにしているので、マザーボードが光るものも欲しかったので、ちょうどよかった。

図2-2-2　入手したマザーボード「GIGABYTE AB350 Gaming」

　ジャンクの理由は、傷汚れ。BIOSはノーメンテナンスとのこと。約4,800円+送料740円也。

　届いて確認した限りでは、外見にはとくに問題なさそうでしたが、BIOSはノーメンテナンスということが、この後、悲劇と紆余曲折に…。

「メモリ」の入手

　メモリは、DDR4の最低容量「4GB」を2枚で「8GB」。じゃんぱらで、中古品を購入しました。
　1枚980円。ヒートスプレッダが付いて、ゲーミングっぽい感じ。

　「Intel」、「AMD」ともに、新世代は「DDR5」へ移行していったので、「DDR4」メモリは、今後も値段が下がってくるでしょう。

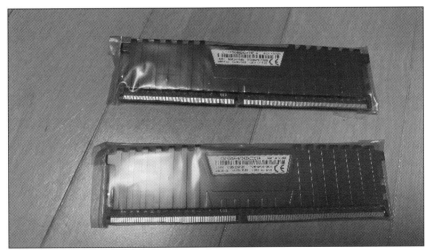

図2-2-3　入手したメモリ
Corsair Vengeance LPXシリーズ DDR4-2400MHz対応

「ゲーミングマウス」と「キーボード」の入手

■ マウスの入手

ついでになりますが、「メモリ」を買ったじゃんぱらに「ゲーミングマウス」もあったので、合わせて購入。

ロジクールの「G203」で、1,980円でした。

*

メモリより高いですが、今回は「見た目重視」なので、"ヨシ"とします。

図2-2-4 中古でもメモリより高いゲーミングマウス

■ キーボードの入手

当然ですが、キーボードも"光る"ゲーミングキーボードをジャンクで探しました。

これは、ハードオフを巡回していたときにジャンクで発見し、800円で購入しています。

若干汚く、キートップに塗装剥げもありますが、動けばラッキー。

動作確認しましたが、キーボードの機能としては問題なかったので、採用しました。

図2-2-5　手に入れたゲーミングキーボード

図2-2-6　キートップの剥げは、後日修理

「PCケース」の入手

　そして、最後はPCケースです。

＊

　こだわる点としては、側面が透明で、LEDが映えて、かつ、裏配線可能な、今どきのケース。

　ケースは、ヤフオクや通販だと送料が高くつくため、リアル店舗で何とかできないかと、ハードオフをハシゴしてみました。

　しかし、仕様が微妙なもの、かつ価格も高めなものしかない…。
　やむを得ず、送料は高いが、ヤフオクで吟味してポチったのが、**図2-2-7**のケース。

　Thermaltake「Versa H26」で、約1000円＋送料1900円でした。

　おそらく、BTOのゲーミングPCを解体したもので、側面アクリル板に若干の傷はあるが、おおむね綺麗で、いい感じ。

＊

　さらにバラしてみると、ハードディスクマウンタが欠品しているものの、LEDファンを搭載しており、動作確認したところ、若干派手さに欠けるが、しっかり光る。
　まあ、いったん、この仕様で組んでみましょう。

図2-2-7　入したケース
アクリルサイドパネルのキズなどあるが、まあいい感じ

図2-2-8　LEDファンは生きている!

43

「SSD」など、残りパーツの入手

まだいくつかパーツが残っていますが、軽く流す感じで紹介します。

■「SSD」の入手

SSDは、「M.2 NVMe」で256GBの新品。

「Mini-ITXジャンクPC」を作るときに使ったもので、Amazon最安で安定の中華パーツ。

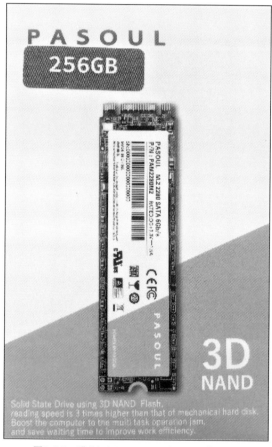

図2-2-9 購入したSSD いつものアマゾン最安
安定の中華パーツ

■「グラフィックボード」の入手

グラフィックボードは、マイニングで使っていた「Palit GTX1070 JETSTREAMs」を流用。

これを選んだ理由は、いちばん派手に光るから。いろいろ光らせ方を変えられます。

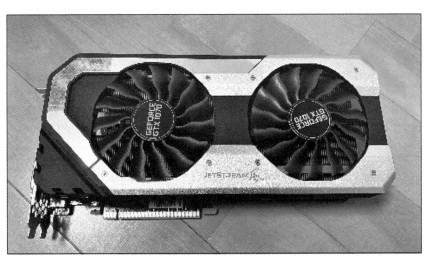

図2-2-10 チョイスしたグラフィックボード

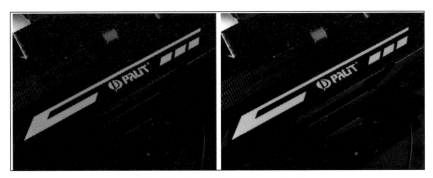

図2-2-11 チョイスしたグラフィックボード
いちばん光るのがポイント

　性能で言うなら、「RTX3060TI」を選択しますが、今回は見た目重視なので…。

■「ATX電源」の入手

　ATX電源は、余っていた450Wを使う予定でしたが、グラフィックボードを運用するには450Wでは若干弱いので、以前作ったジャンクPCから、600Wの電源を拝借します。

パーツが揃った

　パーツが揃いました。

　集めたパーツをリストにまとめたのが**表2-3**です。

図2-2-12　パーツがそろった!

表2-3 購入パーツリスト

パーツ	スペック（型式）	価格	送料	入手	備考
ケース	Thermaltake ジャンク	¥950	¥1,900		今どきの側面スケスケ
ケースファンHUB	UPHERE 白色LEDケースファン×5 &ファンHUB	ケース付属		ヤフオク	アクリル板に若干傷アリ
M/B	GIGABYTE AB350 GAMING 3 ジャンク	¥4,790	¥740	ヤフオク	Ryzen対応の光るやつ（はそんなになかったけど）BIOSがノーメンテナンス
CPU	AMD Ryzen 5 3500 ジャンク	¥4,549	¥660	ヤフオク	ピン曲がりあり、CPUクーラー付き
電源	手持ちの600W	¥980	-	手持ち	以前のジャンクPCから流用。元のPCは450Wに換装
メモリ	DDR4 PC4-19200 (DDR4-2400)	¥1,960	-	じゃんぱら	4GB×2＝8GB ずいぶん安くなったもんだ！
HDD/SSD	PASOUL SSD 256GB NVMe M.2 2280 (PCIe Gen 3.0 x2)	¥3,197	-	アマゾン	新品 前回よりやすい
Mouse	Logicool G203	¥1,980	-	じゃんぱら	光るゲーミングマウス 普通の中古
キーボード	Lcsriya G38 ジャンク	¥880	-	ハードオフ	光るゲーミングキーボード 汚い、キートップに割れ有り
	合計	¥22,586			
グラボ	Palit GTX1070 Super JetStream・風	¥20,000	-	手持ち	まあ手持ちの光るやつを流用 今の中古相場だと2万ぐらい？
	グラボ込み合計	¥42,586			

2-3 ジャンクパーツPCの組み立て

さっそく、問題発生！

まずは、肝心な「マザーボード」と「CPU」の動作確認。

　PCケースには入れず、むき身でメモリだけ挿した最小構成で、「BIOS POST」を確認します。

＊

　CPUの"ピン曲がり"については、ちょいちょい修正したら何とかなったので、スイッチオン！

■「BIOS」に問題あり…

　う～ん、「BIOS POST」しない…。

　他の環境で、「CPU」や「メモリ」を単体テストしたときは、ちゃんと認識したのに……。

図2-3-1　CPUファンは回るが、BIOSがPOSTしない…

　改めて症状を確認すると、マザーボード上の「ステータスLED」が、CPU点灯から進まない。

　そして今、動作させようとしているのは、ZEN2世代のCPU。

＊

　このマザーボードのBIOSアップデート情報を確認すると、
①初期バージョンのBIOSから、ZEN2世代まで、かなり期間が空いている。
②ジャンク理由のBIOSノーメンテナンスなことから察するに、BIOSが古く、準備したCPUに対応していない可能性が高い
と判断しました。

＊

　…ということで、BIOSアップデートするため、やむを得ず初期Ryzenを追加で入手することに。

■ ZEN 1 世代の「Ryzenを追加購入

　ヤフオクで落札したのが、「Ryen5 1600」CPU本体のみ。送料込みで4,600円でした。

　BIOSアップデート目的だけなので、もっと安いモデルでよかったのですが、なぜがこのときの最安がこれで…。

　「6コア12スレッド」と、何かもったいない性能です。

■ さらなる悲劇が…

　落札したCPUを待っている中、さらなる悲劇が…。

＊

　ちゃぶ台に置いていた、「むき身」で配線したままのマザーボード。

　遊んでいた我が家のネコちゃんが、配線に引っかかり、マザーボードが落下。
　そのため、「CPUファン・コネクタ」にダメージが。果たして大丈夫でしょうか…？

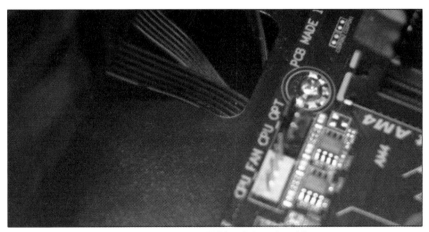

図2-3-2　CPU FUNの誤挿入防止のバーが折れた

ジャンクが、ますますジャンクに…

■ ZEN 1世代のRyzen動作検証

　無事、「Ryzen5 1600」が届き、中身を確認。ピン曲がりもなさそうで、良好な感じです。

図2-3-3　追加購入した「Ryzen5 1600」

　「Windows11」に対応していないのが残念ですが、さっそく、「BIOS POST」を確認するために、CPUを挿します。

＊

　ソケットに正しくCPUが挿さっているかを念入りに確認。

　ジャンクCPUばかり触っていると、やや神経質になります。

＊

　CPUにピンがあるのは、この「AM4」までで、「AM5」からはインテル同様、ピンがマザーボード側に代わります。

　今後、最新構成で組むときには、CPUのピン曲がりや、外すときの"スッポン"を気にする必要がなくなります。

＊

そして、動作検証。

電源ONにして、しばし待ちます。

前と動きが違う？

マザーボード上の飾りのLEDも点灯し、マザーボードの「ステータスLED」は、"チカチカ"動いています。

図2-3-4 「Ryzen5 1600」にCPUを変えたところ動作した

バッチリ、「BIOS POST」が確認できました。

*

原因だったBIOSのバージョンを画面で確認すると、「F20」。

思ったより新しめですが、このバージョンでは「ZEN+」対応までなので、分析は正しかったので、一安心。

ジャンクパーツの清掃

組付け前に、ジャンクなパーツたちを清掃します。

■「PCケース」の清掃

まずは「PCケース」。

幸い、ヤニ臭くはなかったので、バラして、ダイソーの除菌クリーナーで拭く程度でOK。

上部ファン・フィルタのマグネットシートが一部剥がれかかっていたので、接着剤で補強して、清掃は完了。

■「ゲーミングキーボード」の清掃

続いて、「ゲーミングキーボード」。

ダイソーの「アルカリ電解水クリーナー」を使ってみたが、なんか泡立って微妙だったので、使うのは止めて、「キムワイプ」で吹き上げをしたのち、ダイソーの「ジェルクリーナー」で、キーボードの隙間汚れを取って終了。

*

キーボードトップがはげたところの処置は、後日行ないます。

図2-3-5　ダイソーの掃除製品はジャンクPCパーツの友

組み立て

下準備は終わったので、「PCケース」にパーツを組み付け開始。

＊

まずは、「ATX電源」を搭載して、「Ryzen5 1600」を搭載したマザーボードをケースに収納。

検証時はCPUクーラーを載せていただけだったので、ちゃんと「CPUグリス」を塗布します。

図2-3-6　マザーを固定し「CPUグリス」を塗布

今回使う「CPUクーラー」は、今後アップデートする予定もあるので、暫定でクリップタイプで取り付けやすく、TDPも対応できそうな、「AMD Phenom AM2用純正クーラー」を使います。

こういったとき、AMDの過去互換性の高さが役に立ちます。

＊

あとは、ひたすら裏配線をチクチク整え、「グラフィックボード」を取り付けて、完成。

図2-3-7　組付け完成

裏配線で"すっきりした見た目"が、今どきのPCケース。

組み付けた結果は、こんな感じ。
まだ甘い部分がありますけど、おいおい改善していきます。

「Windows10」のインストール

■ セットアップ方針

　まずは、「Windows10」をインストールして動作確認した後、CPUを「Ryzen5 3500」に乗せ換えて、「Windows11」にアップデートする作戦で進めます。

■ 問題発生！インストールが進まない

　またまた問題発生。「Windows10」の「インストールUSB」が起動しません！
　一瞬、Windowsマークが表示されるものの、すぐ暗転。なぜだろう？

*

　BIOSを確認するも、特に問題はなさそうだし、いろいろ変えてみても改善しない。

　そして、なぜか、「Linux Ubuntu」の「インストールUSB」はちゃんと起動します。

　これはきっとBIOSが原因？…と思い、BIOSをアップデートしてみます。

*

　「ギガバイト」のサイトを見ると、「ZEN2」世代CPUに対応させるには、まずは「F31」へアップデートする必要があるらしいので、とりあえず、「F31」にアップデートして様子を見ます。

図2-3-8　BIOSアップデート画面

　さて、今回は何回この画面を見るのでしょうか…。

*

　アップデートした結果、「Windows10」のインストールができるようになりました。

　これもBIOSか…と思いつつインストール完了。Windowsのライセンス認証もバッチリ通過しているのを確認。

＊

　Windowsアップデートをすべて終わらせ、ドライバなどを入れ、動作検証。問題なし。

「Windows11」へのアップデートと本命CPUへ換装

■CPU換装

　現状の「Ryzen5 1600」環境で、問題ないことが確認できたので、本命の「Ryzen5 3500」にCPUを換装します。

　下準備として、「BIOS」を「ZEN2」世代対応の「F40」にアップデート。BIOS画面でアップデートされていることを確認。

　そして、CPUを「Ryzen5 3500」に乗せ換えてみたところ、CPUを認識しない。

図2-3-9　微妙に4隅のピンが曲がっている…

　CPUのピンを点検、曲がり癖がついているらしく、どうもソケットに
うまく刺さっていない感じ。再度修正して、再び挿し込み。リカバリー完
了。

■ 問題は続く…

　しかしながら、この後、さらなる落とし穴が待ち受けています。

　換装後、パソコンを起動。「BIOS」はしっかり「POST」しました。

　だがしかし、なぜかOSが起動しません。

　設定を確認すると、「NVMe SSD」を認識せず。なぜだろう？

　いろいろ調べ、メーカーホームページのBIOS情報を確認してみると、
「F40」の次バージョンになんか、「NVMe関係の修正履歴」があります。

　おそらくこれだろうということで、再びBIOSを、「F40」から「F41」へ
アップデートします。

＊

　ようやく、OSが起動しました。
　またまた犯人は「BIOS」でした。

＊

　次の作業として、「Windows11」へアップデートしようとしたところ、最
後の問題が。

　「Windows11動作要件」をツールでチェックしたところ、ハード的な問
題は出ていませんが、微妙な言い回しになっています。なぜだ ろう？

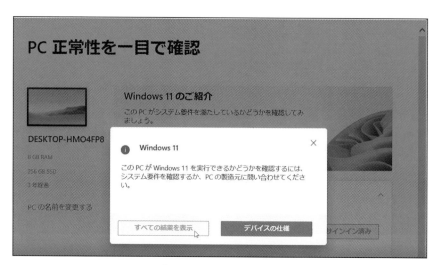

図2-3-10「正常性チェック」が微妙な言い回しに

　ここまでくると、やはりBIOSで引っかかってるのだろうと、BIOS問題に終止符を打つべく、最新バージョンのBIOSへアップデートを行ないます。

＊

　そういえば、AMDのCPUには脆弱性が発見されていて、このBIOSアップデートに、それらの対応も含まれているようだ。

　以前は、「問題なければBIOSアップデートする必要ない」と言われていましたが、最近は積極的に行なう必要があるのかもしれません。

＊

　アップデート完了後、再起動。

　はい！ Windows11動作要件をクリアしました。
　やっぱりBIOSが原因でした。
　これで、Windows11へアップデートする準備が完了です。

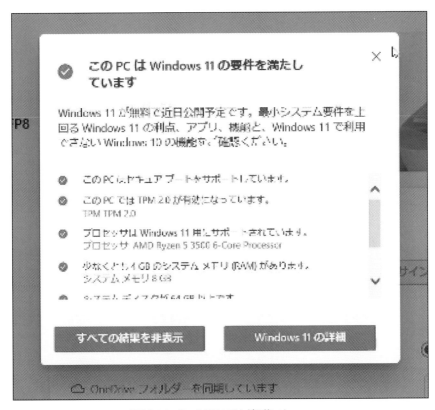

図2-3-11　やっとここまでたどり着いた…。

■「Windows11」のインストール

　あらかじめ作っておいた「Windows11」の「セットアップUSB」を使って、インストールを開始。

＊

　おおむね50分弱で無事、「Windows11」の導入が完了できました。「ライセンス認証」も問題なし。

図2-3-12　「Windows11」を「USBメモリ」からインストール

動作検証

いろいろ寄り道しましたが、最終チェックをしていきます。

■ CINEBENCH R15

まずは、「CINEBENCH R15」でベンチマークを取ります。

ネットで出てくる一般的な数値より、やや少ないですが、まあ誤差の範囲で問題ないはず。

図2-3-13　「CINEBENCH」の動作結果

■ ファイナルファンタジー15ベンチ

続いて、「ファイナルファンタジー15ベンチ」を動かしてみます。

事前にチェックした「Ryzen5 1600」より、100ぐらいスコアアップした感じ。これも問題ないでしょう。

図2-3-14　「ファイナルファンタジー15ベンチ」の動作結果

■ OCCTで負荷テスト

最後は、「OCCT」を30分動かして、負荷テストで締めます。

*

30分弱経過し、CPU温度は70℃前後に収まったので、問題なさそう。

パソコンの動作としては、確認完了です。

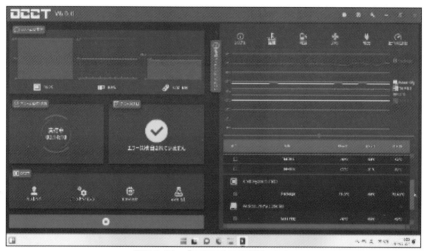

図2-3-15 「OCCT」の負荷テスト中

見た目はどうだろう

さて、今回のもう1つのテーマ、"光る"については、どんな感じになったかと言えば…。

*

ケース内は、マザーボードの一部とグラボが光っていますが、暗い部分が多く…。

ケースファンもそれなり光っていますが、、白単色で迫力に欠ける気がします。

　今後、光りものを増やしかつ、もっといろいろなパターンで光るように改修していこうと思います。

図2-3-16　光り具合はこんな感じ

「まとめ」と「費用」

　最後に、「まとめ」と「かかった費用」を見てみましょう。

■ 費用

　集めたパーツと費用は**表2-4**のとおり。

　最初に選択したCPUが「ZEN+」世代であれば、「Ryzen5 1600」を買うという、寄り道が必要なかったかもしれない。

　今回の教訓としては、AMD 300シリーズのマザーボードを中古で買うときは、BIOSアップデートずみかどうか確認して考慮する必要があるようです。

表2-4　購入パーツリスト（最終版）

パーツ	スペック(型式)	価格	送料	入手	備考
ケース	Thermaltake ジャンク	¥950	¥1,900	ヤフオク	今どきの側面スケスケ アクリル板に若干傷アリ
ケースファン HUB	UPHERE 白色LEDケースファン×5 &ファンHUB	ケース付属		ヤフオク	
M/B	GIGABYTE AB350 GAMING 3 ジャンク	¥4,790	¥740	ヤフオク	Ryzen対応の光るやつ 傷汚れ(はそんなになかったけど) **BIOSがノーメンテナンス**
CPU	AMD Ryzen 5 3500 ジャンク	¥4,549	¥660	ヤフオク	ピン曲がりあり、CPUクーラー付き
電源	手持ちの600W	¥980	-	手持ち	以前のジャンクPCから流用。元のPCは450Wに換装
メモリ	DDR4 PC4-19200(DDR4-2400)	¥1,960	-	じゃんぱら	4GB×2＝8GB ずいぶん安くなったもんだ！
HDD/SSD	PASOUL SSD 256GB NVMe M.2 2280 (PCIe Gen 3.0 x2)	¥3,197	-	アマゾン	新品 前回よりやすい
Mouse	Logicool G203	¥1,980	-	じゃんぱら	光るゲーミングマウス 普通の中古
キーボード	Lcsriya G38　ジャンク	¥880	-	ハードオフ	光るゲーミングキーボード 汚い、キートップに剥げ有り、
CPU	AMD Ryzen 5 1600	¥4,600	込	ヤフオク	BIOSアップデート用に急遽購入
	合計	¥27,186			
グラボ	Palit GTX1070 Super JetStream·風	¥20,000	-	手持ち	まあ手持ちの光るやつを流用 今の中古相場だと2万ぐらい？
	グラボ込み合計	¥42,936			

■ コスパ的にどうか？

　また、以前組んだ「Mini-ITX」のWindows11が動く構成のジャンクパーツPCと比較してみると、購入時期とか構成の違いはありますが、現状は対応マザーボードが安く入手できれば、Ryzenで組んだほうが安くて強い構成で組める気がします。

第3章

はじめての "ジャンクパーツ" 探し

本章では、PCの「ジャンクパーツ」を探すときに役立つ、「どんな店やサイトをチェックすればいいのか」「どんな点に注意すべきか」「掘り出し物を見つけるコツ」などを紹介します。

3-1 「ジャンクPCパーツ」が熱い！？

　昨今、中古パソコン市場が盛況で、まずまずの性能をもち、現役のWindowsが動作するパソコンが安価に入手できます。筆者も性能を求めない用途であれば、中古のノートパソコンを購入して使ったりしていました。

　また、自作パソコン界隈でも、中古パソコン同様に中古パーツの入手手段が豊富になり、コストを抑えて組むことができます。

　さらに、ジャンクパーツで組むことにより、リスクはあるものの、さらに安価に組むことができます。

*

　ここでは、ジャンクを中心とした、中古パーツの入手手段を紹介します。

※「ジャンクパーツ」は、価格が安いなどのメリットはありますが、何かしらの理由で価値が落ちているというリスクもあります。購入や利用は、あくまでも自己責任でお願いします。

入手手段

　PCに関連する「ジャンクパーツ」の入手手段は、大きく分けて、「リアル店舗」と「ネット通販」の2つに分かれます。

　昔は、秋葉原や大須、日本橋など、規模が大きな電気街でないと、ジャン

ク・中古PCパーツの入手が難しかったのですが、ハードオフを始めとした中古販売チェーンの台頭や、ますます盛況なネット通販において、ジャンク・中古PCパーツの流通は活況になり、地方在住でも、それなりに入手することができるようになってきました。

「リアル店舗」、「ネット通販」の違いについて、筆者の経験から、表3-1にまとめてみました。この後、これら毎に事例と注意点について紹介します。

表3-1　入手手段比較

	メリット	デメリット
リアル店舗	・送料がかからない。 ・現物が確認できる。	・店舗在庫のみとなるため選択肢が少ない。 ・近所にないと行きづらい。
ネット通販	・さまざまな 　種類、価格（ジャンク度合い） 　のものの中から選択できる。	・送料がかかる。 ・現物が確認できない。

3-2　リアル店舗で探す

まずは、「リアル店舗」の事例を紹介します。

「中古品」というものの性質上、店頭在庫から探すことになり、希望のものがあるとは限りません。
　基本的には欲しいものを探すためには、こまめに店を訪問して、足で稼ぐのが一般的です。

「リアル店舗」について、筆者の独断と偏見で、3種類に分類してみました。

ハードオフ（中古販売チェーン）

ジャンク度：◎ 価格：△〜◎ 行き易さ：◎

　言わずと知れた、全国チェーンの中古品リユース販売店。

　数週間の保証のついた中古品のコーナーと、無保証のジャンクコーナーに分かれていて、中古パソコンや自作パソコンを組むための主要なパーツは大概揃っています。

　中古パーツの価格はやや割高感がありますが、「訳ありジャンク」として販売されているものの中には、掘り出し物（ラッキージャンク）があり、ジャンクパーツ探しが面白くなります。

図3-2-1　ハードオフのジャンクコーナー
青いコンテナボックスに（青箱）さまざまなジャンクパーツが…

■ その他

中古書籍販売でおなじみのブックオフの系列で、"BOOKOFF SUPER BAZAAR "は、店舗によってはハードオフ同様の品揃えがあり、侮れないです。

PCショップ系の中古ショップ

ジャンク度：△　価格：○　行き易さ：○

PCショップ系で、中古PCパーツを取り扱っている店も多くあります。

ジャンク度合いは少ないですが、動作品を購入できる安心感があります。

● じゃんぱら

全国チェーンの中古ショップで、中古パソコン、中古自作PCパーツを扱っています。

主に中古パーツが中心、ジャンクはあまりないですが、中古パーツ相場内でも比較的安価でかつ、中古であれば一定期間の保証もあるので、外れパーツをつかみたくない場合はおすすめです。

●ドスパラ、ツクモ

基本的には新品販売のショップですが、店舗によっては中古コーナー（秋葉原なら専門店）があります。

種類はあまりないですが、たまに掘り出し物があったりするので、侮れません。

ガチ系ジャンクショップ

ジャンク度：◎　価格：◎　行き易さ：△

秋葉原や、大須、日本橋など、規模の大きな電気街にはPCジャンクパーツの専門店があり、販売している種類も豊富でかつ価格もかなりリーズナ

ブルです。代表例として秋葉原と大須のショップについて紹介します。

《秋葉原》

図3-2-5のマップで、秋葉原電気街の大まかな場所を説明します。

図3-2-2　日本最大の電気街、秋葉原。通称"アキバ"

①東京ラジオデパート

昔ながらの、電子部品を取り扱うお店がたくさんありますが、その中でも秋葉原最終処分場さんや、AKIBAJUNKSさんなど、PCパーツに特化したお店があるのが注目点です。

図3-2-3　アキバに来たらまずはココから…ラジオデパート

69

②神田装備

中古PCパーツに特化したお店で、さほど広くない店舗の中に、各種ジャンクPCパーツが多く販売されています。

しかしながら、土日のみの営業でかつ、狭い店舗のため、入店予約が必要になります。予約はこちらから

https://twitter.com/kandasoubi

図3-2-4　神田装備は入店予約が必要なので注意

●ジャンクPCパーツ通り

黒線の通りにはじゃんぱら、ハードオフを始めとした、中古PCパーツを取り扱っているショップが集中しています。ここ通るといろいろな店舗を回ることができ、掘り出し物が見つけやすいかもしれません。

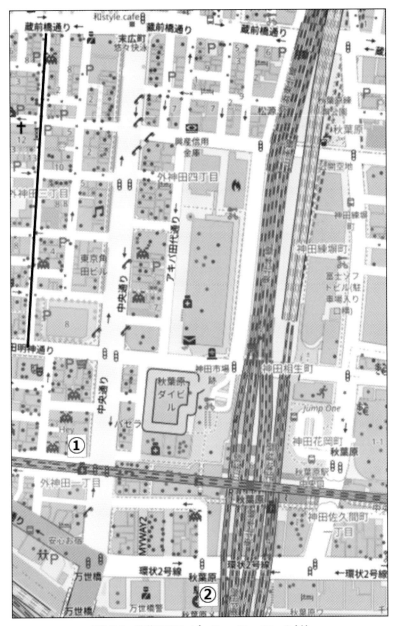

図3-2-5　秋葉原のマップ　OpenStreetMap?より
①投票ラジオデパート　②神田装備　黒線　ジャンクPCパーツ通り

《大須（名古屋）》

　昔に比べると電気街という感じではなくなりサブカル系の店も増えましたが、パソコン、オーディオ関係に特化したお店は今でも健在です。代表的なジャンクショップを紹介します。

①　パウ
②　じゃんぱら
③　九十九電気(中古コーナー
④　ドスパラ(3F中古フロア
⑤　佐古前装備

図3-2-6　大須（名古屋）マップ

図3-2-7　大須商店街にある電店街

●パウ

大須の第1アメ横ビルの中にあるお店で、PCパーツに特化したジャンクショップです。

図3-2-8 ジャンクPCパーツが豊富なパウ

●佐古前装備

秋葉原の神田装備の姉妹店で、神田装備同様の豊富な品揃えがあります。

しかしながら、神田装備同様、土日のみの営業でかつ、狭い店舗のため、入店予約が必要になります。予約はこちらから

https://twitter.com/sakomaesoubi

図3-2-9　佐古前装備も入店予約が必要なので注意

*

《利用の際の注意点》

　ジャンク品の場合、「箱」と「中身」が違うことが平気であります。

　買う前に店員さんに確認して、中身を見せてもらい、現物をしっかり確認することをお勧めします。また、箱を勝手に開けるのはマナー違反です。

3-3　ネットで探す

　続いて、「ネット通販」でジャンクパーツを探すときの、事例を紹介します。

*

　ネットの中では数多くのパーツを探し出すことができてかつ、住んでいる地域に関係なく、入手ができることが最大のメリットです。

　デメリットとしては、送料が別途必要になり、その分割高になってしま

うこともあります。

　現物を確認できないことにより、本当に安物買いの銭失いになってしまうことがあるので、注意が必要です。

　主な「ネット通販」の事例として、3例を挙げて紹介します。

インターネット オークション/フリマサイト

ジャンク度：◎　価格：◎　安心度合い：△

　個人間売買向けのオークションサービスやフリマサイトでも、多くのジャンクパーツが出品されています。

　最近はWeb専業の専門業者も出品されているようで、数多くのものを見つけることができます。

　有名な「ヤフオク」や「メルカリ」の特徴を比較すると、以下のような感じで、筆者の感覚では、比較的ヤフオクのほうが、メルカリより安く購入できるケースが多いように思います。

図3-3-1　ネットオークションは、出品数が多く、さまざまな角度から検索できて便利

表3-2　ヤフオクとメルカリの比較

	価格	送料
ヤフオク	オークション形式 ※固定(即決)出品も有	別途 ※込みの出品も有
メルカリ	固定	込み

　しかしながら、さまざまな思惑をもって参加している人々がいるため、購入後トラブルが発生するケースも多く、注意が必要です。

＊

　筆者が経験したトラブル事例と、失敗しないための注意点を解説します。

《トラブル事例》

①そもそも動作しない

　大概「動作未確認品」という名目で出品されています。

②箱と中身が違う

　素人なのでよく分かりません。写真に写っているものです。…など、故意を装っていない体にしている。

③性能が出ない

　グラフィックボードなどで、「動作品」と言いながら、何等か改造失敗したものをそのまま出品している。

④付属品が足りない

　プラグインATX電源のケーブルや、CPUクーラーの固定金具など、本体だけでは何ともならない物は要注意。

《失敗しないための注意点》

①**写真などが多くあり**、商品の情報が、不具合も含め、しっかり説明されているのもから選ぶ。

②**送料が異常に高くないか**、確認する。販売価格を安く見せ、送料で利益を取っているケースが見受けられます。

③**写真をよく見て**、欲しい実物とあっているか。付属品に問題はないか。を確認する。

④**入札・ウォッチャー件数など**、他の購入者の様子を確認する。少ない場合は何か理由があるかも…。

⑤**比較的、業者っぽい出品者のほうが**、クレーム返品に対応してくれやすい気がします。

PCショップ系の中古ショップ

ジャンク度：△　価格：△（送料別途必要）　安心度合い：〇

　ハードオフや、じゃんぱらは、各店舗の中古品の一部や、通販専用在庫をネット通販で購入することができます。

　逆に各店舗の在庫が分かるので、ここで在庫をチェックして、買いに行くこともできます。

　また、中古販売であるため、それなりの保証期間があり、動かない場合返品可能な場合もあるので、失敗したくない場合はおすすめです。

中華系ネット通販

ジャンク度：?　価格：◎　安心度合い：?

　ジャンクというくくりではないですが、最近は、中華系の著名なネット通販サイトAliExpress(アリエクスプレス)やBanggood(バングッド)などが日本語化され、日本からでも安価な中国製品が購入できるようになってきました。

　PCパーツ系も個性的な製品が、安価でかつ数多く販売されており、品質面で?ところや、送料・関税等付加費用が掛かるところ、納期が長いところなど、注意する点も多くありますが、チャレンジするのも面白いかもしれません。

ジャンクパーツ探しは、決して平易ではありませんが…

　「ジャンクパーツ」で自作PCを組む醍醐味は、"安価なパーツを探して組むこと自体を楽しむ"ものかと思います。

　パーツ自体に保証がなく、自己責任な部分が多く、万人におすすめできるものではありませんが、ちょっと変わった目線でパソコン自作したいときは、本記事を参考にしていただければと思います。

マザーボード基礎 編

第4章

「マザーボード」に使われる技術

パソコンを構成する部品の中で、「CPU」や「ビデオカード」は、花形で"主役"のイメージがあります。

たしかに、これらはパソコンの性能を決定付ける重要なパーツですが、それらを含めたさまざまなパーツを連携させて、「パソコン」として成り立たせるのが「マザーボード」の仕事。「パソコン」にはなくてはならない、不可欠な部品なのです。

4-1　「マザーボード」の役割とは

「マザーボード」は、パソコンにはなくてはならない不可欠なPCパーツです。PCパーツと言えば「CPU」や「ビデオカード」が主役といった印象をもつ人も多いかと思います。

たしかに、「CPU」や「ビデオカード」はパソコンの性能を決定付ける、重要なPCパーツですが、それらのPCパーツを連携させて「パソコン」として成り立たせるのが、「マザーボード」の仕事になります。

「マザーボード」は、「パソコンの土台」

PCパーツの中で、「マザーボード」は、「パソコンの土台」と表現されることがあります。

＊

「マザーボード」の大きな役割のひとつとして、各PCパーツ間でのデータの受け渡しを行なうというものがあります。

それはつまり、すべての「PCパーツ」は「マザーボード」に接続する必要があるということを意味し、「マザーボード」の上に「全PCパーツ」が

載ることで、はじめて「パソコン」として動作するようになります。

「マザーボード」は、まさに「パソコンの土台」と言えるでしょう。

＊

また、パソコンを構成するPCパーツは、世界中のさまざまなメーカーから販売されているPCパーツです。

これらの多くのメーカーのPCパーツを集めて「マザーボード」に接続し、問題なく1台の「パソコン」として機能させるために、「パーツ構造」や「データ伝送」、「インターフェイス」などは、規格として厳格に定められています。

＊

「PCパーツ」の中心となるマザーボードの「規格」や「機能」について、詳しく見ていくことにしましょう。

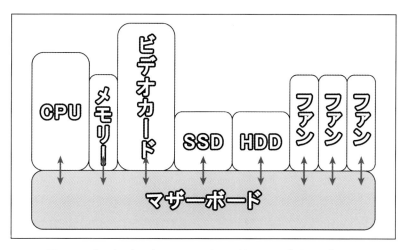

図4-1-1 「マザーボード」にいろいろな部品が接続されて「パソコン」になる

4-2　「マザーボード」の規格

構造を定めた規格「ATX」

　「マザーボード」をPCケースにネジ止めしたり、拡張カードを増設したときにPCケースと干渉せずに正しく取り付けられるのは、大きさや位置などがしっかりと規格化されているからです。

　このような構造の規格を、「フォーム・ファクタ」と呼び、現在のパソコンで広く用いられているのが「ATX」(Advanced Technology eXtended)です。
　「ATX」は主に、マザーボード、PCケース、電源ユニットの大きさなどに関係する規格となります。

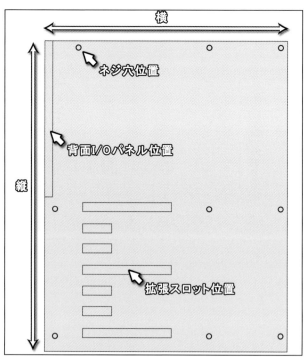

図4-2-1　フォーム・ファクタ「ATX」
「マザーボードの寸法」「ネジ位置」「背面I/Oパネル」位置、
「拡張スロット」位置などが規格として定められている。

　「ATX」は、1995年にIntelが策定した「フォーム・ファクタ」で、25年以上パソコンの構造におけるデファクト・スタンダードとして君臨し続けています。

　なお、Intelは2003年に「後継規格」として「BTX」(Balanced Technology eXtended)を発表しましたが、普及せず、「ATX」が使われ続けています。

　ずっと「ATX」が使われ続けているので、20年前のPCケースを現代に流用するといったことも可能です。

さまざまなサイズのマザーボード規格

　パソコンのサイズにバリエーションをもたせるために、「ATX」から派生した規格がいくつかあります。

　当然、それぞれの規格でマザーボードのサイズも異なりますが、無秩序にバラバラなサイズではなく、あくまでも「ATX」を基準としたサイズ設計がなされています。

＊

　代表的な「マザーボード」の「規格」と「サイズ」を挙げていきましょう。

【ATX】縦305mm×横244mm
　基準となる大きさ。
【Micro-ATX】縦244mm×横244mm
　ATXの縦サイズを縮小して、ほぼ正方形のサイズに。小型の「マイクロタワーパソコン」向け。
【Flex-ATX】縦244mm×横191mm
　「Micro-ATX」の横サイズを縮小し、さらに小型のPC向けとしたサイズ。
【Mini-ITX】縦170mm×横170mm
　「台湾VIAテクノロジー」が開発した「フォーム・ファクタ」で、ATXとは異なる系譜の規格。より小型の「ミニPC向け」のサイズ。
【Extended-ATX】縦305mm×横330mm
　ATXの横幅を拡張した大型マザーボード規格。マルチプロセッサ搭載のサーバ・ワークステーションのマザーボード向け。

　上記5つのマザーボード規格のうち、パソコン向けとして現在広く使用されているのは「ATX」「Micro-ATX」「Mini-ITX」の3規格です。

　3規格の「寸法」、および「ネジ穴位置」を図に書き起こすと、次のようになり、「背面I/Oパネル部」を起点に、ネジ穴の位置など共通部分が多いことが分かると思います。

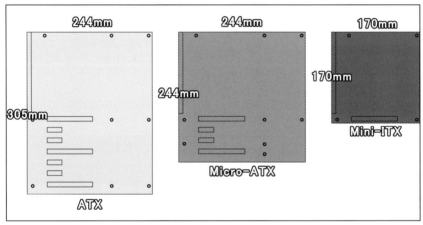

図4-2-2　　　「ATX」「Micro-ATX」「Mini-ITX」の寸法略図

　「マザーボード」のサイズ規格は「後方互換性」が保たれており、基本的に"大は小を兼ねる"ようになっています。

　つまり「ATX規格PCケース」には、「Micro-ATX」や「Mini-ITX」のマザーボードも取り付け可能となっています。

＊

　逆に、当たり前ではありますが、「Micro-ATX規格PCケース」に、より大きい「ATXマザーボード」を取り付けることはできません。

　ただ、「Micro-ATX」には「ATX」にはないネジ穴位置が存在するため、「ATX規格PCケース」に「Micro-ATXマザーボード」を取り付ける際は、

PCケース側にネジを受ける「スペーサー」(六角スペーサー)を追加設置する必要があります。

　PCケースには予備の「六角スペーサーが付属しているはずなので、紛失しないように気を付けましょう。

図4-2-3 　「ATX規格PCケース」に備わる「六角スペーサー」設置位置
「Micro-ATXマザーボード」を取り付ける際には、☆位置に「六角スペーサー」を追加する。

図4-2-4 　六角スペーサー
「マザーボード」取り付けの際は、このような「六角スペーサー」をPCケースに取り付ける。PCケースに付属している予備もなくさないように注意。

小さいATXマザーボード

「マザーボード」の構造は規格で厳密に定められていますが、実は規格サイズよりも、少し小さいマザーボードも存在します。

特に「廉価版」などの安価なマザーボードには、横方向を縮小することでコストダウンを図ったモデルが時折見られます。

図4-2-5 フルサイズの「ATXマザーボード」と比較して、横方向が数cm小さいマザーボード

このような、幅の狭い「ATXマザーボード」は、マザーボードの右端を支えるスペーサーがないため、ケースに取り付けた際にマザーボードの右端が微妙に浮いた状態になってしまいます。

この状態で電源コネクタの取り付けやメモリの装着など大きく力を加える作業を行なうと、マザーボードが必要以上にしなるのを実感します。

あまり乱暴に扱うと、故障の原因となる可能性もゼロではないので、力加減には注意しましょう。

4-3 マザーボード上のさまざまなパーツ

マザーボード上には、PCパーツを接続するための「ソケット」や「コネクタ」といった、パーツが多数実装されています。

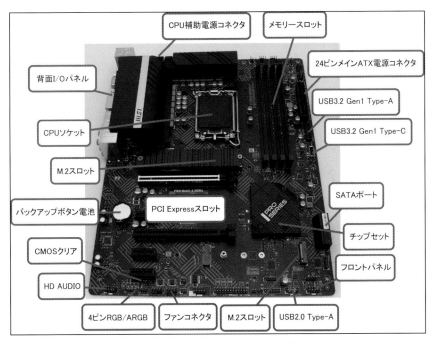

図4-3-1 マザーボード上の各部名称

これら各部パーツについて、詳しく見ていきましょう。

4-4 CPUソケット

Intel系CPUのCPUソケット規格

「Coreプロセッサシリーズ」(Core i9-13900Kなど)に代表されるIntel CPUに対応するマザーボードには、「LGA○○○○」と名付けられた「CPUソケット」が搭載されています。

　○○○○の部分には、CPUソケットに備わる「ピン数」がそのまま名称として用いられていて、他世代のCPUソケット規格との見分けられるようになっています。

*

LGAは「Land Grid Array」の略で、「接続ピン」が「CPU側」ではなく「CPUソケット側」に生えています。

CPU側は平坦な電極が備わるだけなので、破損の危険性が低いのが特徴です。

*

　一方で、CPUソケット側のピンは非常に繊細で、少し触れるだけでも簡単に曲がってしまうため、CPUよりもマザーボードのほうが慎重な取り扱いを求められます。

図4-4-1　LGA対応CPUの裏側
ピンが生えていないので物理的な破損の心配がかなり減った。

図4-4-2　「LGA1700」のCPUソケット
ピンは非常に繊細。

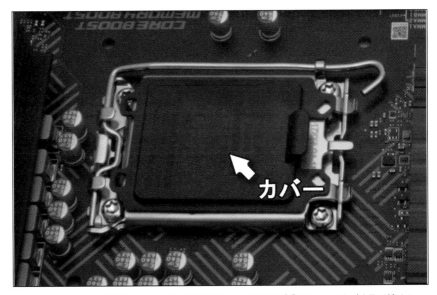

図4-4-3　CPUを装着していない間、「CPUソケット」には必ず「ソケットカバー」を取り付ける
マザーボードに同梱されていた「ソケットカバー」は紛失しないように

直近世代のCPUソケット規格は、「LGA1700」と「LGA1200」。

「LGA1700」は「第13世代Coreプロセッサ」と「第12世代Coreプロセッサ」、「LGA1200」は「第11世代Coreプロセッサ」と「第10世代Coreプロセッサ」で用いられました。

*

「CPU」と「CPUソケット規格」は対の関係になっていて、対応するもの同士でなければ装着することができません。

さらに、CPUソケット規格が適合していても、チップセットの世代やBIOSバージョンによっては動かないこともあるので、「CPU」と「マザーボード」の組み合わせは、注意深くチェックする必要があります。

AMD系CPUのCPUソケット規格

AMDのCPU・APUである「Ryzenシリーズ」に対応するマザーボードには、「Socket AM5」もしくは「Socket AM4」と名付けられたCPUソケットが搭載されています。

*

2017年に登場したCPU「Ryzen 1000シリーズ」から「Ryzen 5000シリーズ」までが「Socket AM4」、2022年に登場した「Ryzen 7000シリーズ」より「Socket AM5」に適合します。

「Socket AM4」は「PGAタイプ」(Pin Grid Array)のCPUソケットで、CPU側に多数のピンが生えており、CPUソケット側にはピンを受ける多数の穴が空いている、昔ながらのCPUソケットの形態です。

*

取り扱いの際は、CPUのピンを折らないように気を付けたり、CPUクーラーを取り外すときは、CPU本体がCPUクーラーにくっ付いたままCPUソケットから抜けてしまう、通称"CPUスッポン"を起こさないように気を付ける必要があります。

「Socket AM5」からはIntel CPUと同じ「LGAタイプ」に変更されたので、取り扱い方についてもIntelの「LGA1700」などと同様になります。

またCPUクーラーについては「Socket AM4」「Socket AM5」で互換性があるので、昔の「AMD CPU向けCPUクーラー」を使い続けることも可能です。

図4-4-4 「Ryzen 5000シリーズ」まではCPU側にピンが生えているので、折ってしまわないよう取り扱いに注意

図4-4-5 「Socket AM5」は「LGAタイプ」を採用
CPUの固定方式もIntelと似たような感じに（COMPUTEX TAIPEI 2022基調講演ビデオより）

4-5 チップセット

「マザーボード」で最も重要なパーツ

「マザーボード」は、さまざまなPCパーツを接続し、互いにデータの受け渡しをできるようにするPCパーツです。

データ伝送の制御には「専用チップ」が用いられ、この専用チップを「チップセット」と呼びます。マザーボードの中でも、最も重要な部品のひとつです。

＊

「チップセット」は、使用するCPUと対の関係になっており、「IntelのCPUにはIntelのチップセットを搭載したマザーボード」、「AMDのCPUにはAMDのチップセットを搭載したマザーボード」が、必ず必要になります。

＊

このことから、マザーボードは大きく「Intel系マザーボード」と「AMD系マザーボード」に大別されます。

「チップセット」の「グレード」で拡張性に差が出る

「チップセット」は、マザーボード上でいちばん重要なパーツなので、各社マザーボードの製品名には、必ずチップセット名が含まれており、どのチップセットを搭載しているモデルなのかが、一目で分かります。

＊

Intel、AMDともに"ハイエンド～エントリー"まで、いくつかのチップセットがラインナップされており、ハイエンドから順に、Intelは、「Z790/H770/B760」、AMDは「Socket AM5」向けが「X670E/X670/B650E/B650/A620」、「Socket AM4」向けが「X570/B550/A520」が現行チップセットのラインナップです。

　これらのチップセットの選択によって、マザーボードのグレード（価格帯）も大方決まります。

図4-5-1　「ROG STRIX Z790-A GAMING WIFI D4」（ASUS）
ASUSの人気マザーボード「ROG STRIXシリーズ」。「Z790」が名前に含まれる。

図4-5-2　「ROG STRIX B760-F GAMING WIFI」（ASUS）
同じく「ROG STRIXシリーズ」。チップセットが下位の「B760」だと分かる。

例として、「Intel 700シリーズ チップセット」の仕様を**表4-1**にまとめてみましょう。

表4-1 「Intel 700シリーズ チップセット」仕様表

	Z790	H770	B760
CPUオーバークロック	○	-	-
メモリーオーバークロック	○	○	○
DMI	DMI4.0x8	DMI4.0x8	DMI4.0x4
CPUからのPCI Express 5.0	x16またはx8+x8	x16またはx8+x8	x16
CPUからのPCI Express 4.0	x4	x4	x4
PCI Express 4.0レーン数	20	16	10
PCI Experss 3.0レーン数	8	8	4
SATAポート数	8	8	4
USB 3.2 Gen2x2 (20Gbps)	5	2	2
USB 3.2 Gen2 (10Gbps)	10	4	4
USB3.2 Gen1	10	8	6
USB2.0	14	14	12
RAID 0,1,5	○	○	-

表4-1によると、オーバークロック対応といった特殊機能の差もありますが、いちばん大きな違いは「拡張性」にあります。

*

「SATAポート数」や「USBポート数」の違いも重要ですが、特に重要なのがチップセットのもつ「PCI Expressレーン数」です。

「PCI Expressレーン数」は、マザーボード上の「M.2スロット」や「PCI Expressスロット」の数や組み合わせを左右します。

たとえば、「Z790」と「B760」の典型的な「M.2スロット」と「PCI Express スロット」の構成は**図4-5-3**のようになります。

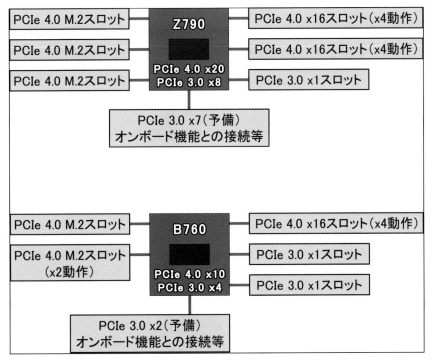

図4-5-3 「Z790」と「B760」の拡張スロット構成例
実際のマザーボード上には、この他にCPU直結の「PCI Express
5.0 x16」と「PCIe 4.0 M.2スロット」が1基ずつある。

パッと見で、「Z790」のほうが、拡張性が高く、「B760」はスロット数的にも各スロットの転送速度的にも「Z790」より明らかに見劣ります。

これが上位/下位チップセットの差で、「M.2 NVMe SSD」をたくさん搭載したいといったプランがあるなら、チップセットは「Z790」一択となります。

これはAMD系マザーボードでも同様のことが当てはまります。

＊

　ただ実際のスロット構成はマザーボードのモデルごとに異なり、同じチップセットでもスロットの搭載パターンはいろいろです。マザーボードの仕様はしっかり確認するようにしましょう。

4-6　メモリスロット

「DDR4 SDRAM」と「DDR5 SDRAM」

　現在、パソコンで使われているメモリは「DDR4 SDRAM」「DDR5 SDRAM」という2つのメモリ規格に則ったものがほとんどを占め、パソコンにどの規格のメモリを用いるかは、マザーボードの仕様に従います。

＊

　「DDR4 SDRAM」と「DDR5 SDRAM」の最大の違いは転送速度で、同じメモリクロックであれば「DDR5 SDRAM」が2倍の転送速度に達します。

表4-2　DDR4 SDRAMとDDR5 SDRAM」の違い

	DDR4 SDRAM	DDR5 SDRAM
長所	・安価 ・選択肢が豊富	・高い転送速度
短所	・高速なメモリは相応に高価 ・もうすぐ世代交代となる	・若干高価 ・DDR5 SDRAMでも高速な規格でなければ 　DDR4 SDRAMとの性能差はあまりない
総括	・安価に大容量メモリを搭載したいのならコチラ！	・価格も安定し高速製品も登場してきたので 　そろそろ世代交代が本格化しそう

図4-6-1 「DDR5 SDRAM」対応の「PRO Z790-P WIFI」(MSI)
Intel第12/13世代Coreプロセッサ対応の「DDR5 SDRAM」仕様マザーボード。

図4-6-2 「DDR4 SDRAM」対応の「PRO Z790-P DDR4」(MSI)
Intel第12/13世代Coreプロセッサは「DDR4 SDRAM」にも対応する
ので、ほぼ同仕様で「DDR4 SDRAM」仕様のマザーボードを展開してい
るメーカーもある。間違えないように注意。

図4-6-3 「DDR5 SDRAM」対応の「TUF GAMING X670E-PLUS」(ASUS)
AMDプラットフォームの「Socket AM5」は「DDR5 SDRAM」のみ対応。

図4-6-4 「DDR4 SDRAM」対応の「TUF GAMING X570-PLUS」(ASUS)
AMDプラットフォームの「Socket AM4」は「DDR4 SDRAM」のみ対応。

メモリの規格と転送速度

「メモリ」は、転送速度ごとに細かく規格が定められており、マザーボードの仕様書には、どの転送速度のメモリ規格まで対応しているかなどが記載されています。

その記載をもとに対応する規格のメモリを購入すれば、問題なく使用できるというわけです。

＊

ここでは、現在よく用いられているメモリ規格の一覧を記載します。

表4-3 メモリ規格の一覧

チップ規格	モジュール規格	転送速度	JEDEC規格
DDR4-2666	PC4-21333	21.3GB/s	○
DDR4-2933	PC4-23466	23.4GB/s	○
DDR4-3200	PC4-25600	25.6GB/s	○
DDR4-3600	PC4-28800	28.8GB/s	
DDR4-4000	PC4-32000	32GB/s	
DDR5-4800	PC5-38400	38.4GB/s	○
DDR5-5200	PC5-41600	41.6GB/s	○
DDR5-5600	PC5-44800	44.8GB/s	○
DDR5-6000	PC5-48000	48GB/s	○
DDR5-6400	PC5-51200	51.2GB/s	○
DDR5-7200	PC5-57600	57.6GB/s	

「チップ規格」は、メモリチップ1枚1枚に対する規格で、「モジュール規格」は複数枚のメモリチップを搭載した1枚のメモリ・モジュール全体にかかる規格となります。

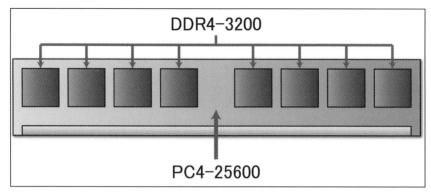

図4-6-5 「チップ規格」と「モジュール規格」の関係

「JEDEC規格」は、半導体業界を代表する標準化団体「JEDEC」にて仕様がサポートされているメモリ規格。

JEDEC規格に則った仕様のメモリは「JEDEC準拠メモリ」と呼ばれ、パソコン側で特に設定をいじらなくても、規定どおりの性能を発揮するメモリになります。

逆に、「JEDEC準拠」ではないメモリの場合、UEFI設定でメモリ項目を弄らなければ、規定どおりの性能を発揮しません。

このようなメモリは一般的に、「オーバークロック・メモリ」と呼ばれます。

たとえば、同じ「DDR4-3200メモリ」でも「JEDEC準拠メモリ」と、そうでない「オーバークロック・メモリ」が混在しており、一般的に同じ速度表記でも設定を詰めている分、「オーバークロック・メモリ」のほうが若干高速です。

*

また「オーバークロック・メモリ」の場合、UEFI設定におけるメモリ設定を簡略化するための仕組みとして「Intel XMP」や「AMD EXPO」といったプロファイル設定をもつ製品が大半です。

　「オーバークロック・メモリ」を使用する場合は、マザーボードがどのプロファイル方式に対応しているか、確認することも大切です。

図3-6-6　「ヒートシンク付き」のメモリは、多くの場合、「オーバークロック・メモリ」

4-7　拡張スロット

データ伝送の骨格となる「PCI Express」

　「PCI Express」はパソコン内部でのデータ受け渡しに使用する高速シリアル転送インターフェイス規格です。

　2002年に規格策定された「PCI Express」は、現在さまざまなコンピュータの内部データ転送規格として標準的に用いられています。

「PCI Express」を拡張スロットに

　「PCI Express」を拡張カードとの接続に用いるために規格化されたものが「PCI Expressスロット」です。

　「PCI Expressスロット」は、使用するレーン数別に大きさが異なるものが規格化されています。

マザーボードには最大7基の「PCI Expressスロット」

現在、パソコンの拡張カード増設インターフェイスは、ほぼ「PCI Express スロット」で統一されています。

＊

マザーボード上には何基かの「PCI Expressスロット」が並んでおり、その最大数はマザーボードのサイズによって決まっています。

・ATX規格マザーボード 　　　　　　最大7基
・Micro-ATX規格マザーボード 　　　最大4基
・Mini-ITX規格マザーボード　最大1基

大は小を兼ねる「PCI Expressスロット」

「PCI Expressスロット」は、「データ転送に用いるレーン数に応じて、拡張スロットの大きさが変化する」という特徴があります。

・PCI Express x1スロット
・PCI Express x4スロット
・PCI Experss x8スロット
・PCI Express x16スロット

＊

以上、4種類の大きさのスロットが規格化されていますが、現在は「PCI Express x1スロット」と「PCI Express x16スロット」の2種類のみで構成されたマザーボードが大半を占めています。

一方で、拡張カードのほうは、「PCI Express x4」対応などの、中間サイズのものが販売されています。

なぜこの状況が許されているかというと、「PCI Expressスロット」は少ないレーン数の拡張カードをより大きなスロットへ挿しても問題なく動作するという、"大は小を兼ねる"仕様になっているからです。

　たとえば、「PCI Express x4」対応の拡張カードであれば、「PCI Express x16スロット」に装着すればOKです。

図4-7-1　マザーボード上には、「PCI Express x1スロット」と「PCI Express x16スロット」の2種類のみが実装されているものがほとんど

図4-7-2　「PCI Express x1」の小さな拡張カードを大きな「PCI Express x16スロット」に接続しても、もちろん問題なく動作する

ダミーの「PCI Express x16スロット」に注意

　複数の「PCI Express x16スロット」を搭載するマザーボードは珍しくありませんが、多くの場合、「PCI Express x16スロット」のフルスペックが発揮できるスロットはCPUソケットに最も近い1基だけに限られます。

　その他の「PCI Express x16スロット」は、形状こそ「PCI Express x16」であっても、信号線が「PCI Express x4」相当までしか配線されていないものが一般的です。

　マザーボードの仕様書などに「PCI Express 4.0 x16スロット（x4動作）」という具合に記載されているものが、該当します。

　高速性が求められるビデオカードなどを、誤ってそのような「PCI Express x16スロット」に取り付けてしまうと、本来の性能が発揮されないので注意が必要です。

　2段目以降の「PCI Express x16スロット」は「PCI Express x4」以下の拡張カードのためのスロットと考えていいでしょう。

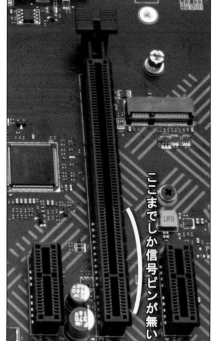

ここまでしか信号ピンが無い

図4-7-3　スロットの端子部分を覗き込むと、途中までしか信号ピンが配置されていない「"ガワだけ" PCI Express x16スロット」と分かる

「PCI Express x16スロット」のロック機構に要注意

「PCI Express x16スロット」には、装着した拡張カードをしっかり固定するためのロック機構が備わっています。

ところが、このロック機構がビデオカードを取り外す際に牙を向いてきます。

*

このロック機構、運搬中などにビデオカードが誤って脱落しないようガッチリと固定するための機構なので、ちょっとやそっとではビクともしません。

このロック機構の存在を忘れてビデオカードを無理やり外そうとした結果、「PCI Express x16スロット」自体を破壊してしまった失敗例は、枚挙にいとまがないです。

結局、ビデオカードを取り外すには、まずロック機構を外す必要があるのですが、さまざまなパーツを組み込んだPCケースの中では、場所的にロック機構の位置まで指先が届かないことも珍しくありません。

そんなときに重宝するアイテムが、「割り箸」です。

「割り箸」を隙間に差し込んでロック機構を外せば、拍子抜けするくらい簡単にビデオカードを取り外せるでしょう。

また、高級なマザーボードの中には「ロック機構の解除ボタン」を押しやすい場所へ移設しているモデルもあります。

図4-7-4　スロット端のレバーがロック機構

高速SSDを搭載できる「M.2スロット」

「M.2スロット」は拡張カードスロットの一種で、内部増設用に小型化された「PCI Expressスロット」と考えても良いでしょう（厳密には「SATA 3.0」や「USB」のバス方式にも対応するので少し異なります）。

「M.2スロット」は、さまざまな用途に使用できますが、現在はもっぱら高速SSDを装着するためのスロットとして活用される機会が多く、「M.2スロット」へ装着する高速SSDを「M.2 NVMe SSD」と呼びます。

「M.2スロット」は「PCI Express x4」相当の転送速度を利用できるので、マザーボードが「PCI Express 4.0/5.0」に対応しており、相応の「M.2 NVMe SSD」を搭載すれば、とても高速なストレージ環境を構築できます。

現在は、「M.2 NVMe SSD」を装着するための「M.2スロット」をより多く備えるマザーボードが重宝される傾向にあります。

図4-7-5 マザーボード上の「M.2スロット」

図4-7-6 転送速度に優れた「M.2 NVMe SSD」

さまざまな大きさが規格化されている「M.2」

「M.2スロット」に装着する拡張カードは、さまざまな大きさのものが
規格化されており、その中でも次のサイズが広く用いられています。

・M.2 Type2280　幅22mm×長さ80mm

・M.2 Type2260　幅22mm×長さ60mm

・M.2 Type2242　幅22mm×長さ42mm

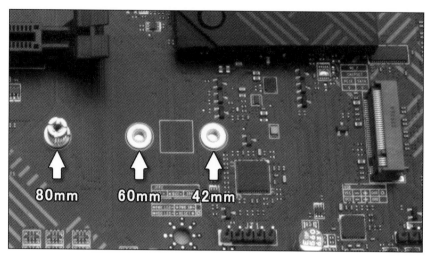

図4-7-7 マザーボード上の「M.2スロット」には、取り付ける「M.2拡張カード」の長さに合わせて適宜スペーサーを取り付けるための穴が「80mm、60mm、42mm」の位置に用意されている。

「M.2 SATA SSD」の装着には要注意

「M.2スロット」は、もともと「SATA 3.0」のインターフェイスも内包する規格だったので、「M.2 SATA SSD」という「SATA仕様」の「M.2 SSD」も存在します。

*

ただ、昨今のマザーボードは、複数の「M.2スロット」のうち「SATA」に対応するのは1スロットのみといった仕様が増えてきているので、"空いている「M.2スロット」に「M.2 SATA SSD」を装着してみたけど動かない"といったトラブルが起きる可能性が高くなってきています。

「M.2 NVMe SSD」の価格が下がり、性能で劣る「M.2 SATA SSD」を選択する意味も薄れていますが、もし「M.2 SATA SSD」を使用する機会があるときは、注意しましょう。

図4-7-8　端子部分のノッチに違いがある「M.2 NVMe SSD」と「M.2 SATA SSD」

標準搭載していてほしい「M.2ヒートシンク」

高速な「M.2 NVMe SSD」を安定して運用するためには、「M.2 NVMe SSD」を冷やすための「M.2ヒートシンク」が不可欠です。

＊

昨今、ミドルクラス以上のマザーボードでは「M.2ヒートシンク」の標準搭載化が進んできましたが、ミドルクラス以下では「M.2ヒートシンク」の有無はまだバラバラで、マザーボードの製品差別化要素の1つになっています。

必ず必要になるパーツなので、「M.2ヒートシンク」の有無をマザーボード選定のポイントにするのもありでしょう。

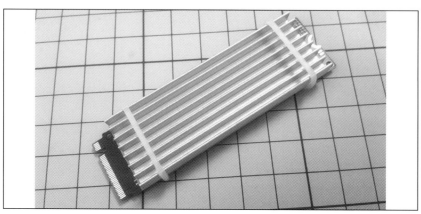

図4-7-9 マザーボードに「M.2ヒートシンク」がない場合は、このようなヒートシンク
を別途用意する。1,000円程の出費だが避けられれば、それに越したことはない。

4-8 ファンの制御

マザーボード側の「4ピン・ファンコネクタ」

マザーボード上には、CPUクーラーやケースファンを駆動するための
ファンコネクタが複数備わっています。

現行マザーボードに備わるファンコネクタは、概ね「4ピン・ファンコ
ネクタ」で、「PWM制御」による回転数制御に対応するファンコネクタで
す。

基本的に、CPU温度に追従してファンの回線数を制御するよう、デ
フォルトで設定されています。

図4-8-1 マザーボード側の「4ピン・ファンコネクタ」
挿す向きを間違えないようにツメが付いている。

図4-8-2 CPUクーラーは基本「4ピン・ファンコネクタ」を用いる
何の設定をしなくても、CPU温度に追従して回転数を変動させるのがデフォルトとなっている。

ファン側のファンコネクタの種類

　一方で、ファン側のファンコネクタには「3ピン・ファンコネクタ」と「4ピン・ファンコネクタ」があります。

　どちらも、「電力供給」と「回転数検知」のピンアサインは同じで、違いは増えた1ピン分での「PWM制御」に対応するか否かという点のみです。

　そのため、「3ピン・ファンコネクタ」と「4ピン・ファンコネクタ」には互換性があり、マザーボード側の「4ピン・ファンコネクタ」にファン側の「3ピン・ファンコネクタ」を接続しても問題ありません。

図4-8-3　「3ピン・ファンコネクタ」(左)と「4ピン・ファンコネクタ」(右)

図4-8-4　マザーボードへは、4ピン (右)はもちろんのこと3ピン (左)を接続してもOK

　「3ピン・ファンコネクタ」と「4ピン・ファンコネクタ」、それぞれのファンコネクタの特徴をまとめてみました。

表4-4　「3ピン・ファンコネクタ」と「4ピン・ファンコネクタ」の違い

	3ピン・ファンコネクタ	4ピン・ファンコネクタ
駆動電圧	12V	12V
回転数検知	○	○
回転数制御	△ （電圧制御）	○ （PWM制御）

　大きな違いはやはり「回転数制御」の部分になります。
　「3ピン・ファンコネクタ」でも一応回転数制御は可能で、ほとんどの現行マザーボードはファンコネクタに「3ピン・ファンコネクタ」が接続されると、自動的に「電圧制御モード」へと切り替わるようになっているので、ユーザーがモードの切り替えを意識する必要はなく、普通に回転数制御できるようになっています。

＊

　ただ、「電圧による回転数制御は、低回転時（低電圧時）のファン動作が安定しない」といったデメリットもあるので、極力「4ピン・ファンコネクタ」をもつファンを使いたいところです。

3つに分けられるファンの用途

マザーボード上のファンコネクタは、コネクタごとに大きく3つに分けて用途を明確化しています。

●CPUファン

空冷CPUクーラーのファンや水冷ラジエータのファンに使用。
マザーボード上の印刷には「CPU_FAN」など記載。

●水冷ポンプ

水冷クーラーのポンプ駆動に使用。
マザーボード上の印刷には「W_PUMP」や「AIO_PUMP」など記載。

●ケースファン

PCケースに取り付ける吸排気用のファンに使用。
マザーボード上の印刷には「SYS_FAN」や「CHA_FAN」など記載。

実際のところは、ファン設置場所に近いであろうファンコネクタへ適当に用途を割り振っているだけなので、基本的にどのファンコネクタにどの用途のファンを接続しても動作自体は可能です。ただし、

・CPUファンが未接続だと、エラーメッセージが出る場合がある。
・水冷ポンプは他のファンより高回転かつ回転数固定での運用が望ましいので、分かりやすい専用コネクタへつなげたい。

といった事情もあるので、できるだけ指定のファンコネクタを用途どおりに使用するのがいいでしょう。

短めの「ファンコネクタ延長ケーブル」があると便利

　マザーボード上のファンコネクタは、PCケースに取り付けた後だとコネクタの抜き挿しがとてもやり辛い場所もあります。

　特に、「大型空冷CPUクーラー」を装着した場合のCPUソケット周辺のファンコネクタへのアクセスは、最悪です。

＊

　そんなときは、「短いファンコネクタ延長ケーブル」の併用が便利です。

　奥まった位置になりそうなファンコネクタへ延長ケーブルを差しておくことで、PCケースに取り付けた後でもケースファンの抜き差しが簡単になります。

図4-8-5　このような短めの「延長ケーブル」を用意

図4-8-6　PCケースに取り付けた後でアクセスしにくそうなファンコネクタへ
あらかじめ「延長ケーブル」を付けておけば、使い勝手が良くなる。

LEDでパソコンを光らせる方法

昨今、ゲーミングPCなどでパソコンを派手に光らせることが流行っており、LEDを内蔵したファンが多数販売されています。

パソコンを光らせる方法としては、まず「無制御」と「RGB制御」の2パターンに大きく分けることができます。

●無制御（単色LED）

単色LEDを埋め込んだLEDファンを用いる。色の制御は行なえないので、発光色はLEDファン購入時に決める。マザーボード側にRGB LEDを制御する仕組みがなくても、光らせることができるのが利点。

●RGB制御

駆動用ファンコネクタとは別に、RGB LED制御用のコネクタをマザーボードの専用ピンヘッダに接続して光らせるタイプのRGBファンを用いる。

光らせるためにはマザーボード側の対応が必要。専用ユーティリティソフトを用いて発光。

「4ピンRGB」と「ARGB」

RGBファンの発光色を制御する方式には、「4ピンRGB」と「ARGB」という2つの方式があり、マザーボード上にもそれぞれの方式に対応した専用ピンヘッダが用意されています。

それぞれの特徴を、次にまとめています。

表4-5　「4ピンRGB」と「ARGB」の違い

	4ピンRGB	ARGB
マザーボード側ピンヘッダ		
ファン側コネクタ		
ピン数	4ピン	3ピン
発光色の制御	○ 専用ユーティリティから全体のRGB LEDを単一色で制御できる。	◎ 専用ユーティリティからRGBファンに搭載されたLEDを個別に違う色にできる。
備考	最初に登場したRGB LED制御方式。対応マザーボードは多いが、対応RGBファン製品は少なくなってきている。	ここ3～4年内に登場したマザーボードが対応する新しい方式。対応RGBファンの選択肢は多く、デファクトスタンダード。

　大きな違いは発光色の制御で、「4ピンRGB」では全体を同じ色で明滅させたり、時間変化で全体の色を変更していく、といった単純な制御しかできませんでした。

＊

　一方、「ARGB」ではRGBファンに組み込まれたLEDを1つ1つ個別制御できるので、虹色を再現したり、RGBファンの中で光がグルグル回るといった演出も可能になっています。

複数RGBファンの制御

　一般的なマザーボードでは、「4ピンRGB」と「ARGB」のピンヘッダは1ないし2基程度しか備わっていません。

　もっとたくさんのRGBファンを制御したい場合は、RGB制御ケーブルの分岐ケーブルか、RGB制御ケーブルのディジーチェーン方式を用いることで対応できます。

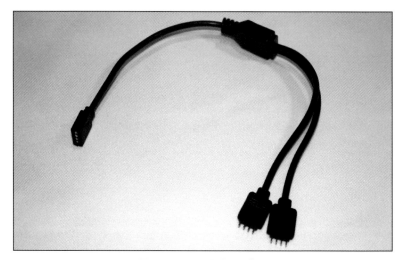

図4-8-7　RGB分岐ケーブル

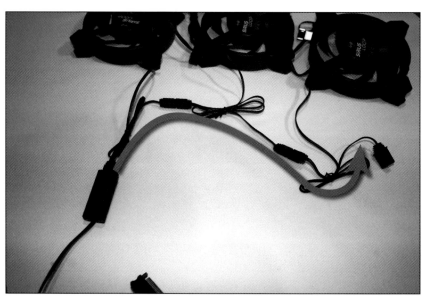

図4-8-8　ディジーチェーン（数珠繋ぎ）対応のRGBファン

4-9 マザーボードの電源周りに関して

電源ユニットの規格

家庭用コンセントから取るAC100V電源を、パソコン内部で消費する直流電源に変換する装置を「電源ユニット」や「パワーサプライ」と言います。

電源ユニットにも規格があり、各種電源コネクタなどの規格化と共に、電源ユニット自体のサイズを規定した構造の規格化も盛り込まれています。

＊

電源ユニットの規格もいくつかありますが、現在広く使用されているのは次の3つです。

●ATX12V

もともと広く使われていた「ATX規格」に、「12V補助電源」が追加されたもの。

細かいバージョンアップを繰り返しながら、現在主流の規格となっている。

●EPS12V

サーバ・ワークステーション向けの強化された電源ユニット規格。現在は「ATX12V」と「EPS12V」の両方の規格に対応した電源が増えてきている。

●SFX12V

小型パソコン向けの電源ユニット規格。「Mini-ITX規格キューブ型PCケース」などで用いられることが多い。

マザーボードへの電力供給

　上記の電源ユニットからマザーボードへ電力供給を行なうメイン電源コネクタは、2×12列の24ピン構成の「24ピンメイン ATX 電源コネクタ」です。

　この電源コネクタからマザーボード自体を駆動する電力や、メモリ、拡張スロットなどへ供給する電力を受けます。

図4-9-1　マザーボード上の24ピンメイン ATX 電源コネクタ

図4-9-2　ケーブル側のコネクタは20+4ピンに分かれているのが一般的
しっかりと、1つに合体させてから挿し込むように。

CPUへの電力供給

　CPUソケットの近くにある電源コネクタを、「CPU補助電源コネクタ」と言います。

　マザーボードの「24ピンメインATX電源コネクタ」とは別に、CPU駆動のためだけに電力を供給するコネクタです。

　「ATX12Vコネクタ」や「EPS12Vコネクタ」とも呼ばれます。

＊

　「CPU補助電源コネクタ」は、マザーボードによってピン数が異なり、ピン数が多いほど大きな電力を供給できます。

●4ピンタイプ

　省電力CPUの使用を前提としたメーカーPCなどで用いられることの多い電源コネクタ。自作PC向けのマザーボードではあまり見かけなくなった。

●8ピンタイプ

　主流タイプ。ケーブル側のコネクタは4+4ピン構成のものが多い。

●8+4ピンタイプ

　以前はハイエンド系マザーボードによく見られていたコネクタだが、昨今のCPU消費電力大幅増加に伴い、エントリー向けのマザーボードでも見られるようになった電源コネクタ。

●8+8ピンタイプ

　現行のハイエンドマザーボードでよく見られるようになった。特に消費電力の大きいハイエンドCPUのオーバークロックにも対応できる電源コネクタ。

図4-9-3 8+4ピンタイプの「CPU補助電源コネクタ」

図4-9-4 ケーブル側のコネクタは4+4ピンで8ピンとするものや、最初から8ピンになっているものなど、さまざま

　マザーボード側の「CPU補助電源コネクタ」が8+4ピン仕様や8+8ピン仕様なのに、電源ユニットからの「CPU補助電源コネクタ」が4+4ピンの8ピン分しかなくて困った事態になることがあるかもしれません。

　このような場合、上位モデルCPUをオーバークロックで使うような特殊な運用をしなければ、「CPU補助電源コネクタ」は8ピン×1のみで電力供給は間に合うケースがほとんどです（8ピン×1で最大300W程度は供給できる模様）。

　残りの4ピンなり8ピンの「CPU補助電源コネクタ」は空いたままでも

問題ありません。

＊

　ただし、電源ユニットの仕様にも絡みますが、電源ユニットからちゃんと8+8ピンなり8+4ピンの「CPU補助電源コネクタ」が取り出せるのであれば、オーバークロック運用しない場合であっても、マザーボード上の「CPU補助電源コネクタ」はしっかりと全部埋めるようにしたほうがいいでしょう。

重要視される「VRM」

　昨今のマザーボードを語る上で外せないのが、要注目パーツとなった「VRM」です。

　「VRM」はCPUへ供給する電気の電圧を変換する回路のことで、CPUの消費電力が爆発的に上昇してきたことから、「VRM」の性能に注目が集まるようになりました。

＊

　「VRM」があまり高性能ではないエントリー向けのマザーボードに消費電力の高い上位CPUを装着すると、CPUへの電力供給が足りず動作クロックが頭打ちになるなど、性能を100%発揮できない事態に陥ります。

　したがって、上位モデルのCPUには「VRM」のしっかりした上位グレードのマザーボードを組み合わせるというのが、マザーボード選択時における重要ポイントの1つになっています。

＊

　「VRM」のスペックを見る上で重要な指標が「フェーズ数」。
　フェーズ数は、「VRM」の回路数のことで、フェーズ数が多いほど負荷が分散されて安定した動作が見込めるという寸法です。

　"12+2フェーズのVRM搭載！"といった具合に、マザーボードの売り

文句になることも少なくありません。

＊

この「○+△フェーズ」という表記の意味は、○がCPUのコア部分への電力供給を担うフェーズ数で、△がCPUのアンコア部分（メモリコントローラなど）への電力供給を担うフェーズ数という意味になります。

当然フェーズ数が多いほど安定性の高いマザーボードということになり、上位グレードのマザーボードの「VRM」フェーズ数は多めです。

＊

また、スペックには表われないものの、「VRM」の冷却機構（ヒートシンク）の出来栄えも重要になり、マザーボードメーカー各社がしのぎを削っている部分でもあります。

図4-9-5　CPUソケット周辺の金属ブロックは「VRM」を冷やすためのヒートシンク

4-10　背面I/Oパネル

「背面I/Oパネル」の充実度も重要

　マザーボードのスペック差として分かりやすい部分のひとつに、「背面I/Oパネル」の充実度が挙げられます。

*

　USBポートの対応規格とポート数や、オーディオ関係などの充実度は、マザーボードのグレードによって、如実に変わってきます。

　必要なコネクタ類が揃っているか、しっかりと確認しましょう。

図4-10-1　USBポートが充実していたり、オーディオ関係が充実していたりと、モデルによって背面I/Oパネルもさまざま。また、昨今はバックパネル一体型が主流だが、安価なモデルでは別々のものも多い。

PS/2コネクタ

　古いキーボードを接続するためのコネクタで、レガシー・インターフェイスの一種です。古いキーボードを愛用している人には、必須のものと言えます。

図4-10-2　○印が「PS/2コネクタ」

USBポート

　背面I/OパネルのUSBポート充実度で、マザーボードのグレードを推し量れます。

　「USB 3.x Gen2ポート」が4〜6ポート以上あれば、グレード高めのマザーボードと言えるでしょう。

図4-10-3　○印が「USBポート」

●USB 2.0 Type-A

キーボードやマウスを接続するための低速USBポート。

●USB 3.1 Gen1 Type-A (USB 3.2 Gen1 Type-A)

転送速度5GbpsのType-Aポート。ポート内の色は青色。

●USB 3.1 Gen2 Type-A (USB 3.2 Gen2 Type-A)

転送速度10GbpsのType-Aポート。ポート内の色は赤色で区別され
ていることがある。

●USB 3.1 Gen1 Type-C (USB 3.2 Gen1 Type-C)

転送速度5GbpsのType-Cポート。Type-C機器との接続に使用。ハ
イエンドマザーボードでは「Thunderbolt 4」に対応するものも。

映像出力

「HDMI」や「DisplayPort」を備えるのが一般的。

GPU内蔵CPUを装着すると背面I/Oパネルの映像出力を使えます。

現行マザーボードとCPUであれば、4Kのマルチモニタにも対応しま
す。

図4-10-4　○印が「映像出力コネクタ」

LANポート

　超高速光インターネットを契約している場合は、「2.5GbE」対応のマザーボードを選択するとよいかもしれません。

図4-10-5　○印が「LANポート」

オーディオ入出力

　シンプルなマザーボードであれば「LINE出力」「LINE入力」「MIC入力」の3ジャックが基本構成となります。

　サウンドに少々凝っているマザーボードの場合は、加えて「リアスピーカー出力」「サブウーハー出力」が追加され、立体音響を楽しめるでしょう。

　また、オーディオに凝っているマザーボードは、デジタル出力（S/PDIF）を備えることが多く、外部のアンプやBluetoothトランスミッタなどとの接続に重宝します。

図4-10-6　○印が「オーディオ入出力コネクタ」

4-11 その他マザーボード上のコネクタやピンヘッダ

SATAポート

「SATAポート」は、HDDや2.5インチSSD、光学ドライブを内部増設するためのコネクタです。

HDD/SSD1台につき1つの「SATAポート」が必要になるので、「SATAポート」のポート数＝内部増設できるHDD/SSDの台数と考えていいでしょう。

*

「SATAポート」の数は、チップセットのグレードで大まかな搭載数が決まり、少ないもので4ポート、多いもので8ポート搭載しています。

SATAポート×4

図4-11-1 ミドルクラス以下のマザーボードは「SATAポート」が少なめ

USB 2.0ピンヘッダ

　PCケースのフロントパネルにある「USB 2.0 Type-A」と接続する内部「USB 2.0ピンヘッダ」。1組のピンヘッダで、2ポート分の「USB 2.0 Type-A」が取り出せます。

図4-11-2　USB2.0ピンヘッダ

USB 3.0ピンヘッダ

　同じく、PCケースのフロントパネルにある「USB 3.0 Type-A」に接続する、内部「USB 3.0ピンヘッダ」。

　「USB 2.0」より信号線の多い「USB 3.0」では、よりしっかりしたピンヘッダが用意されています。

　1組のピンヘッダが、2ポート分の「USB 3.0 Type-A」となります。

図4-11-3　USB30ピンヘッダ

USB Type-Cコネクタ

　PCケースのフロントパネルにある「USB Type-C」と接続するための
コネクタ。金属でシールドされているのが特徴。

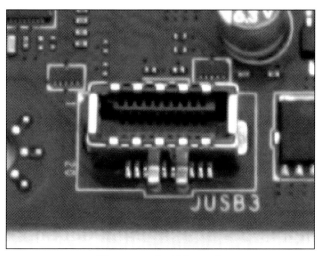

図4-11-4　USBCピンヘッダ

HD Audio ピンヘッダ

PCケースのフロントパネルにある「ヘッドホン端子」や「マイク端子」と接続する「オーディオ入出力ピンヘッダ」。

図4-11-5 HD Audio ピンヘッダ

フロントパネルのボタン、LED向けピンヘッダ

PCケースフロントパネルの電源ボタンやリセットボタン、電源LED、ストレージアクセスLEDをつなげるピンヘッダ。

ピンアサインは決まっておらずマザーボードメーカーごとにバラバラなので、マニュアルを参照に、ピン1本ずつ配線しなければならないのが手間とされます。

自作PC組み立てで、いちばん厄介な作業の1つに挙げられています。

また、LEDの配線は極性があるので、間違えないように注意しましょう。

図4-11-6　フロントパネルの各所につなぐピンヘッダ

図4-11-7　PCケースからの各配線をマニュアル通りに接続していく

スピーカー出力

　スピーカーと言っても音楽を流すためのものではなく、エラーなどを
通知するビープ音を鳴らすためのピンヘッダです。

　パソコン起動時のPOSTでエラーが出た場合にスピーカーをつないで
おけば、エラーの内容を音で確認できるようになります。

図4-11-8　スピーカーにつなぐピンヘッダ

なお、「UEFI」のシステムで「ビープ警告音」のパターンは、次のとおり。

表4-6　「UEFI」のPOSTエラーによるビープ音パターン

ビープ音パターン	音の回数	エラー内容
・	短1	正常に起動
———	長3	メモリー異常・接触不良
—・・	長1短2	メモリー異常・接触不良
—————	長5	ビデオカード異常・接触不良
—・・・	長1短3	ビデオカード異常・接触不良
—↑—↓—↑—↓ （高音低音繰り返し）	ずっと繰り返し	温度異常
—・・・・	長1短4	その他の故障・短絡など

図4-11-9 スピーカーは500円ほどで入手可能

CMOSクリア

「UEFI」の設定を、すべて初期状態に戻すためのピンヘッダです。

 「UEFI」の設定をヘンに変更してしまってパソコンが起動しなくなった際などに用います。

*

 クリア手順は、①電源ユニットの主電源をオフにし、②CMOSクリア用の2本のピンヘッダを5〜10秒ほどショートさせます。

 ショートにはジャンパーキャップを用いるのが理想ですが、ドライバの先端などでも代用できます。

 ③10秒経過後、ショート状態から元に戻して電源を入れると「UEFI」の設定が初期化されているはずです。

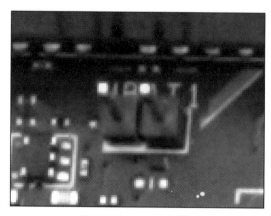

図4-11-10　CMOSクリア

バックアップボタン電池

　マザーボード上のボタン電池は、電源未接続時の時刻を保持したり、「UEFI」の設定情報を保持するために用いられます。

　このボタン電池を抜き取ることで、CMOSクリアと同じ効果が得られます。
　ただ、この方法でのCMOSクリアは、時計もリセットされるので要注意です。

図4-11-11　ボタン電池

4-12　マザーボード内蔵のソフトウェア「UEFI」

電源投入後に最初の仕事を行なう「UEFI」

　ここまでにも、たびたび用語として登場していましたが、マザーボードの
ソフトウェア的な機能となる、「UEFI」についても説明しておきましょう。

＊

　マザーボードの重要な仕事のひとつに、電源投入後、接続されている各
パーツのチェックや初期化、設定をして、WindowsなどOSを起動させる
までの下準備をするというものがあります。

　その役割を担う機能（ソフトウェア）を、「UEFI」と呼びます。

　これらは、マザーボード上のフ
ラッシュメモリに最初から組み
込まれている制御ソフトウェア
で、「ファームウェア」とも呼ばれ
ます。

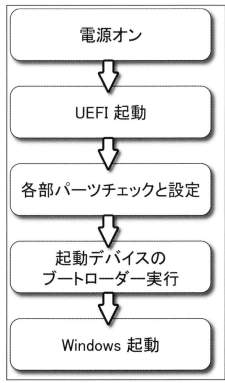

図4-12-1　パソコン（Windows）が起動する
までのプロセス

「BIOS」っていうは？

　マザーボードのファームウェアというと、昔から「BIOS」と呼ばれるものがありました。「BIOS」と「UEFI」の違いについて大雑把に説明すると、パソコンのファームウェアとして昔から用いられていたのが「BIOS」で、新機能を追加し時代に合わせて刷新したものが「UEFI」という認識で大丈夫でしょう。

＊

　現在の多くのマザーボードは互換性の面から「BIOS」と「UEFI」の両方に対応していて、「BIOSモード（レガシーBIOSモード）」と「UEFIモード」を切り替えてパソコンを動かすことができます。

　ただ、現在パソコンを使用する上では、「UEFIモード」だけに焦点を合わせておけば大丈夫です。

＊

　また、呼び方自体にもいろいろと複雑な面があります。

　「BIOS」には「コンピュータのファームウェア」という広義の意味もあるため、「UEFI」を「UEFI BIOS」と呼ぶことも多いです。

　マザーボードの「UEFI設定」を行なう画面も、慣例的に「BIOS画面」と呼ばれ続けていることが多いですし、「対応BIOS」や「BIOSアップデート」という言い回しも使い続けられています。

　これに対して古い機能のBIOS自体を指す場合は「レガシーBIOS」などと呼ばれることが多いです。

資 料

「マザーボード」と「周辺」をつなぐインターフェイス

「PCI Express」は、パソコンの内部でのデータのやり取りに使う高速シリアル転送インターフェイス規格で、現在の主流。

また、古くからある「SATA」は、「HDD」や「SSD」、「光学ドライブ」などのストレージ機器との接続を目的としたインターフェイス規格です。

そして、「USB」は、あらゆる周辺機器とパソコンを結ぶ、汎用インターフェイス規格です。

■PCI Express

表1 「PCI Express」のリビジョン別転送速度

	転送速度実効値(一方向/双方向)[GB/s]				
	x1	x2	x4	x8	x16
PCIe 1.1	0.25/0.5	0.5/1.0	1.0/2.0	2.0/4.0	4.0/8.0
PCIe 2.0	0.5/1.0	1.0/2.0	2.0/4.0	4.0/8.0	8.0/16.0
PCIe 3.0	0.984/1.969	1.969/3.938	3.938/7.877	7.877/15.75	15.75/31.51
PCIe 4.0	1.969/3.938	3.938/7.877	7.877/15.75	15.75/31.51	31.51/63.02
PCIe 5.0	3.938/7.877	7.877/15.75	15.75/31.51	31.51/63.02	63.02/126.0

表2 「SATA」で用いられている4種類の名称と最大転送速度

名称1	名称2	名称3	名称4	最大転送速度
SATA 1.0	SATA I	SATA 1.5Gbps	SATA 150	150MB/s
SATA 2.0	SATA II	SATA 3Gbps	SATA 300	300MB/s
SATA 3.0	SATA III	SATA 6Gbps	SATA 600	600MB/s

■USB

表3 「USB」の各バージョンの比較

USBバージョン	規格名	最大転送速度	電力供給能力 (1ポートあたり)	
1.0	USB 1.0	1.5Mbps 12Mbps	5V/500mA	
1.1	USB 1.1	1.5Mbps 12Mbps	5V/500mA	
2.0	USB 2.0	480Mbps	5V/500mA	
3.0	USB 3.0	5Gbps	5V/900mA	※
3.1	USB 3.1 Gen1	5Gbps	5V/900mA(TypeA) 最大5V/3A(TypeC)	※
	USB 3.1 Gen2	10Gbps		※※
3.2	USB 3.2 Gen1	5Gbps	5V/900mA(TypeA) 最大5V/3A(TypeC)	※
	USB 3.2 Gen2	10Gbps		※※
	USB 3.2 Gen2x2	20Gbps		
4	USB4 Gen2	10Gbps	5V/1.5A以上(TypeC)	
	USB4 Gen2x2	20Gbps		
	USB4 Gen3	20Gbps		
	USB4 Gen3x2	40Gbps		

※、※※はそれぞれ同じ仕様

表4 「TypeC」に対する比較

ケーブル	規格名	最大転送速度	最大ケーブル長	備考
TypeC-TypeC	USB 2.0	480Mbps	4.0m	全てのTypeCデータ転送ケーブルは 最低限USB 2.0をサポートしている
	USB 3.1 Gen1	5Gbps	2.0m	TypeA-TypeB/TypeCケーブルも 同規格あり
	USB 3.1 Gen2	10Gbps	1.0m	
	USB 3.2 Gen1	5Gbps	2.0m	
	USB 3.2 Gen2	10Gbps	1.0m	
	USB 3.2 Gen2x2	20Gbps	1.0m	TypeC-TypeCケーブルのみ
	USB4 Gen2x2	20Gbps	1.0m	
	USB4 Gen3x2	40Gbps	0.8m	
	Thunderbolt 3	20Gbps	2.0m	パッシブケーブル
		40Gbps	0.8m	
		40Gbps	2.0m	アクティブケーブル (USBは2.0相当)
	Thunderbolt 4	40Gbps	2.0m	ユニバーサルケーブル

索　引

索 引

■著者略歴

なんやら商会

▼ 197X 年生まれ。某高専　情報工学科卒。
▼ 某圧倒的シェアだった国産パソコンを扱う販売店のプログラマーから、製造業の社内 SE へ至り、IT 部門の課長に。自身でシステム構築することはなくなったが、自身の技術的好奇心を趣味の自作 PC や模型作りへ傾倒。
▼ それが高じて、YouTube チャンネルで、トミカを始めとした「ミニカーの改造」や「自作PC」（ちょっと前はマイニング、現在はジャンク PC パーツ漁りがホット）について、動画の配信を始める。

筆者の Youtube チャンネル「なんやら商会」

https://www.youtube.com/channel/UCHtvkIkRtch_rWROwKaS3CA

[主な著書]
・「仮想通貨」の大容量データを超高速計算する「自作 PC」
・プログラミングのはじめ方（共著）
・PC パーツの選び方（共著）　　　　　　以上、工学社

勝田有一朗（かつだ・ゆういちろう）

▼ 1977 年大阪府生まれ。「月刊 I/O」や「Computer Fan」の投稿からライター活動を始め、現在も大阪で活動中。

[主な著書]
・コンピュータの新技術
・理工系のための未来技術
・コンピュータの未来技術
・PC［拡張］＆［メンテナンス］ガイドブック
・逆引き AviUtl 動画編集
・はじめての Premiere Elements12　　以上、工学社
…その他、雑誌・書籍に多数執筆

質問に関して

●サポートページは下記にあります。
【工学社サイト】http://www.kohgakusha.co.jp/

本書の内容に関するご質問は、
① 返信用の切手を同封した手紙
② 往復はがき
③ FAX(03)5269-6031
　（ご自宅の FAX 番号を明記してください）
④ E-mail　editors@kohgakusha.co.jp

のいずれかで、工学社編集部宛にお願いします。電話によるお問い合わせはご遠慮ください。

I/O BOOKS

格安パソコンを自作するためのジャンクパーツ見極めと修理の極意

2023 年 8 月 30 日　初版発行　ⓒ 2023	著　者	なんやら商会，勝田有一朗
	発行人	星　正明
	発行所	株式会社工学社
		〒 160-0004
		東京都新宿区四谷 4-28-20 2F
	電　話	(03)5269-2041(代)［営業］
		(03)5269-6041(代)［編集］
※定価はカバーに表示してあります。	振替口座	00150-6-22510

［印刷］（株）エーヴィスシステムズ　　　　　　　　　　ISBN978-4-7775-2266-8